张学峰 著

赢在强势
成就彪悍人生

民主与建设出版社
·北京·

© 民主与建设出版社，2025

图书在版编目（CIP）数据

赢在强势：成就彪悍人生 / 张学峰著. -- 北京：民主与建设出版社, 2025. 5. -- ISBN 978-7-5139-4914-9

Ⅰ. B84-49

中国国家版本馆CIP数据核字第2025F6J821号

赢在强势：成就彪悍人生
YING ZAI QIANGSHI CHENGJIU BIAOHAN RENSHENG

著　　者	张学峰
责任编辑	唐　睿
装帧设计	燚　玖
出版发行	民主与建设出版社有限责任公司
电　　话	（010）59417749　59419778
社　　址	北京市朝阳区宏泰东街远洋万和南区伍号公馆4层
邮　　编	100102
印　　刷	大厂回族自治县彩虹印刷有限公司
版　　次	2025年5月第1版
印　　次	2025年5月第1次印刷
开　　本	670mm×950mm　1/16
印　　张	11
字　　数	110千字
书　　号	ISBN 978-7-5139-4914-9
定　　价	56.00元

注：如有印、装质量问题，请与出版社联系。

前 言

在人生的竞技场上,每个人都渴望成为赢家,希望自己的每一步都坚定有力,每一次决策都能引领自己走向成功。真正的赢家并非只靠机遇和天赋,更多的是依靠内心的力量和智慧的选择。其中,"强势"成为一个不容忽视的关键词。

从心理学的角度来看,强势并非简单的强硬或霸道,而是一种深入骨髓的自信、果敢和坚定。这种心态使我们在面对困难和挑战时,能够保持冷静和理智,以更加积极主动的态度去迎接和解决问题。强势的人,往往能够在逆境中崛起,因为他们相信自己的能力和价值,敢于迎接未知的挑战。

当然,强势并非一成不变,它需要在不断的学习和成长中塑造和提升。在心理学中,我们强调自我认知、情绪管理和人际沟通的重要性,这些能力都是培养强势心态的基础。通过自我认知,我们能够更清晰地了解自己的优势和不足,从而有针对性地提升自己;通过情绪管理,我们能够在面对压力和挑战时保持冷静和理智;通过人际沟通,我们能够更好地与他人合作，共同实现目标。

在生活中，适度展现强势是一种重要的能力。它不仅是保护自我、捍卫个人价值观的手段，更是一种内在力量的体现，帮助我们在复杂多变的人际关系中不轻易被外界所动摇。

想象一下，在日常的社交互动中，你是否曾因过于迁就他人而忽略了自己的感受？或是面对不公与误解时，选择了沉默与忍让？若长期如此，可能就会陷入一种"被动接受"的循环，导致自我价值感的削弱。

因此，适度的强势成为一种必要的策略，它能让你在必要时勇敢地表达自己的立场与需求，确保自己的声音被听见，权益得到尊重。生活并非总是风平浪静，我们时常会遇到挑战。拥有强势的一面，意味着你能够以一种更加自信、坚定的姿态去面对这些挑战，不轻易被外界的压力所击垮。同时，它也让你在维护自己利益的同时，能够尊重并理解他人的立场，使双方更加和谐、平等地交流。

同样，在职场中展示强势也是一种重要的能力。假如你的岗位并非完全依赖无可替代的专业技能，那么决定你高度的往往是隐性的软实力，其中不可忽视的关键因素便是强势的个人气场，它不仅体现了你的专业自信，更展现了你面对挑战时的从容不迫与坚定立场。

设想一位拥有强势气场的员工，在竞争激烈的职场环境中，他无须过多言语，仅凭那份沉稳与自信便能赢得他人的尊重与关注。当面对质疑或挑战时，他能够迅速调动内在的力量，以不可动摇的姿态捍卫自己的立场与利益。这种强势并非咄咄逼人，而是一种基于深厚底蕴与清晰认知的自信展现。

在竞争激烈的企业环境中，业务成果固然重要，但强势的气场同样能够为你赢得更多的机会与资源。当你提出自己的想法或建议时，强势的气场能够让你在团队中脱颖而出，吸引他人的注意并赢得支持。那些拥有强大气势的人，或许因锋芒毕露而不为众人所喜，但他们正是凭借这股力量，更容易在激烈的竞争中占据一席之地，获得领导的认可。

更重要的是，通过培养和运用强势气场，你既能实现个人成长，又能获得良好的职业发展途径。不断地挑战自我，拓展个人能力边界，不仅能够让你在职场上更加游刃有余，还能让你在生活的各个层面中展现更加自信和坚定的自我。无论是在职场谈判桌上，还是在家庭聚会中，强势气场都是一笔宝贵的财富，能帮助你在各种情境中展现出最佳状态。

目 录

第一章
你为什么要强势

我们天生具备强势基因	002
强势 or 弱势？别让文化属性困住你	003
做自己人生的"引路者"	006
怎么变强势	008
突破自卑与恐惧，以强者心态改写命运	011
建设自我愿景——你渴望成为什么样的人	013

第二章
你为什么不够强势

低自尊者陷阱：我配不上这些美好	016
为什么你总是无法拒绝别人	020
面子主义：太要面子，你的气场就弱了	025
好人综合征：凡事顺从，追求"好人缘"	029
你为什么没有勇气求助别人	031
你为什么总是在乎别人的看法	037

第三章
变强势所需培养的基本能力

强势训练 1：坚持自己意愿的能力　　　　042

强势训练 2：掌控方向的能力　　　　　　　047

强势训练 3：打破舒适区的能力　　　　　　055

强势训练 4：自我肯定的能力　　　　　　　060

强势训练 5：克服恐惧的能力　　　　　　　068

强势训练 6：承担后果的能力　　　　　　　072

强势训练 7：独立思考的能力　　　　　　　077

第四章
强势者的沟通技巧

积极向上的语言，让人充满力量　　　　　　084

所谓强势，就是敢于拒绝　　　　　　　　　087

保持耐心，坚持不懈　　　　　　　　　　　092

善于运用沟通中沉默的力量　　　　　　　　097

会讲故事的人更会沟通　　　　　　　　　　102

幽默的语言在沟通中的魅力与影响　　　　　107

善于运用肢体语言　　　　　　　　　　　　112

高效表达自己的观点并说服别人　　　　　　116

第五章
如何在实践中运用强势

该独立时，不必追求合群	124
拥有麻烦别人的勇气	127
强势不是霸凌，坚决不能"盛气凌人"	131
亲密关系中如何避免恋爱脑	135
婚姻中的强势与妥协	140
如何处理职场冲突	145
向上管理中的强势之道	149
强势管理中的恩威并施之道	156

第一章
你为什么要强势

在这一章中,我们将探讨强势文化的真正含义及其在现代社会中的重要性。你将了解到如何从一个弱者转变为一个强者,并且学会如何构建一个积极向上的强者框架。我们将一起探索如何克服内心的自卑和恐惧,从而改写自己的命运。

我们天生具备强势基因

在不同的认知视野里，强势往往被赋予多样的解读，对于部分弱势者而言，强势在一定程度上有"贬低、控制、征服"的意味，让人倍感压力。因此很多人认为强势是一个过于极端的词，甚至是错误的，因此会刻意压制自己，让自己看起来足够平和，不与人争。

事实上，我们生来就是强势的，只不过被后天的规则驯化和环境所影响，我们逐渐失去了这种强势，变得不那么自信。

回想一下，从我们出生的第一声啼哭开始，我们便带着强势而来，只要有不舒服的地方就会放声大哭，不管别人怎么看、怎么说。但是在成长的过程中，这种表达方式却逐渐受到了限制。每当我们哭闹时，父母就会立刻训斥和阻止，却很少倾听我们哭闹的原因和想表达的情绪。这种限制，非常容易影响我们的行为方式，更在潜移默化中影响了我们的人格，我们在生活中会依从、逃避、退缩，甚至敌视他人，最后变成弱势的一方。

不论是父母还是其他社会关系人，他们不断的打压和控制会削弱我们天生的强势能力。因此，我们必须认识到，强势是与生俱来的，并不是一种极端的处事方式，弱势也不是不可改变的，只要我们能够认清其中的规律，我们就能逐渐找回强势的人格，成长为更完整、更自由的人。

强势 or 弱势？
别让文化属性困住你

强势文化和弱势文化本没有绝对对错，但它们各有自己独特的体系，我们则可以从这一体系中找到适合自己的位置。

强势的人就像动物世界里的狼。狼之所以强，是因为它们遵循了丛林法则。强势的人遵循这个客观规律，所以不被任何世俗的眼光、道德、儿女情长所束缚，他们一路狂奔，努力掌控自己的人生。

而弱势文化本质上更倾向于是一种依赖的文化。当事情发生时，弱势者往往会将责任归结于外界的原因，而不向内反思。比如传统观念里认为在家靠父母，出门靠朋友，学知识靠老师，升官靠领导。在弱势者内心，环境对于人的影响远大于一个人的心性。因此，他们往往缺乏独立思考和自主行动的能力，容易被环境和他人意见所左右。

相信很多人都无法接受这样的观点，因为深埋在我们心里的文化属性已经固化了我们的认知和判断，它们深入骨髓，所以当你看到这里时，觉得内心无法接受，这恰恰代表了你的文化属性对你的影响至深。

文化属性，就像是我们从小被灌输的"操作系统"，是受身边多数人的影响而产生的羊群效应。这些思想、影响根深蒂固，固化在一个人的大脑里，形成对所有事物的判断依据。就像在南方人眼里，咸粽子是再平常不过的食物，而北方人则习惯甜粽子；在中原地区，面食是三餐主餐，一天不吃就难受，但在东北，米饭才是主餐，面食可有可无，这就是被文化属性影响的结果。

文化属性本身依群体而定，这意味着，我们的认知、想法甚至是行为方式，往往不是自己真正的选择，而是被身边大部分人、被环境属性所决定的，在心理学上，这被称为"群体盲思"。美国心理学家艾尔芬·詹尼斯于1972年首次对"群体盲思"进行系统定义，将其描述为由于群体压力而导致的思考能力、事实和道德判断能力的退化，以及批判性的思维被代替的现象。他认为，群体盲思在高凝聚力、具有强势领导或不太容易接触到不同意见的群体中经常出现。由于个体成员从众以及达成一致性的压力，导致群体思维封闭、高估群体权利和力量，进而产生对专家和不同意见的排斥、不对更多的方案做评估、对新信息的偏见等决策缺陷，是群体高凝聚力的一个消极后果。

我们总是不自觉地被纳入某一群体中，在这个看似和谐的圈子里，总是在听别人说什么，鲜有自己的理性思考和判断，也就很难理解真相和真理是什么，甚至为了获得大多数人的认可，一味追随那些受追捧更多的道理或人，这便使我们无形中受到他人的操控，失去了独立自主的能力。

相反，拥有强势文化思维的人很少从众，而是时刻保持独立思考。在职场里，我们经常看到那些特立独行的人，看似没有团体意识，实则很有自己的主见，也从来不会把自己放在被管理者的位置上去看待，而是一个独立的个体。而那些看似很合群的人，其实很容易被同事或领导牵着鼻子走，他们小心翼翼，循规蹈矩，把公司制度看得无比重要，不敢越雷池一步，也因此失去了创造力和想象力，变得人云亦云。

很多人害怕成为自己的最终评价者或者说考核者，因为在主观意识里，没有标准可言，也就失去了参考系，这就好比我们去餐厅点餐，没有服务员来介绍店里的招牌菜，只能盲点一样，而与此同时，也没有任何评分可以供我们参考，这就更令人担心。为自己制定准则并不是一件容易的事情，但更应该明白，如果没有一份真正喜欢的菜单，他人的评分本身就没有意义，能对自己的口味负责的，只有自己。

做自己人生的"引路者"

弱势的人常常逃避主动选择,因为他们害怕承担自己选择的后果,更希望由社会或他人来负责任,一旦有什么不对,他们就可以立马找到借口来推卸责任。让我们来看一个故事:

> 一群人在深山中探险,不小心迷了路,连向导也不记得来时的方向。生存的本能让大家开始各自寻找线索,最后每个人找到的路都不一样,但都说自己这条是对的。此时声音更大的人比其他人更坚定地认为他那条是对的,本就在恐惧中的人们也随之怀疑自己的选择,最终跟随他走上他选择的路。自此,所有人都会把回家的责任全部压在这一个人身上,自己则不必为这一选择负责。如果这条路选错了,人们也自然有理由去责怪那个选路的人,而不是自己。

这个故事在生活中很常见,谁又说得准哪条才是自己回家的路呢?或许哪条路都可以通向家的方向。世界上很多选择本就没有绝对的对与错,关键在于是否以尊重为底色、以责任为边界。

一个强势的人,在迷路时,他可能不会跟随任何一个人的脚步,而是依靠自己的记忆,根据一切可看可用的地理条件来判断方位，一点点摸索出来时的方向，找到回家的路。或许中间会花费很多时间，走很多弯路，面对很多困难，但他终究有可能会找到属于自己的方向。

如果我们不能成为一个强势的人，不能成为自己的"引路者"，那么我们可能会因此丢失很多东西，不仅仅是方向上的迷失，还会丢弃自我成长和探索的机会。强势的人往往更愿意承担责任，他们不畏惧失败，因为失败对他们而言，只是通往成功的另一条路径。他们相信自己的判断，即使在群体中，也敢于坚持己见，不轻易被他人左右。

这种独立性，让人在面对选择时，能够更加自信和坚定，即使在错误中也能学到宝贵的经验。强势并不意味着独断专行，而是在于能够独立思考，勇于担当，以及在必要时能够坚持自己的立场。在复杂多变的世界里，这种能力显得尤为重要，它让我们在面对各种选择时，能够更加从容不迫，找到真正适合自己的道路。

强势的人在面对群体压力时，往往能够保持清醒的头脑，他们不会轻易被群体的盲思所影响。他们知道，群体的共识并不总是正确的，有时候，真理掌握在少数人手中。他们敢于质疑，敢于提出不同的意见，即使这可能会让他们在群体中显得格格不入。但正是这种独立思考的能力，让他们在复杂的社会环境中能够保持自我，不随波逐流。

强势的人懂得，真正的力量不在于控制他人，而在于控制自己，不被外界轻易左右。他们知道，每个人都是自己命运的主宰，只有自己才能决定自己的方向。因此，他们不会轻易放弃自己的判断，不会因为害怕与众不同而放弃自己的原则。强势的人在面对选择时，总是能够坚持自己的立场，即使在逆境中，也能保持乐观和积极的态度。

怎么变强势

　　强势文化能够孕育出强者，他们独立自主，专注于自我提升，同时努力探索、理解和尊重规律。而弱势文化则容易让人陷入随波逐流的境地，依赖他人，甚至对规律持轻视态度。在强者眼里，规律是值得尊重的，他们向内寻求改变自我，向外则努力洞察并顺应这些规律。而弱者则往往依赖情感，比如公司中的老员工，可能会强调自己的辛勤付出，试图打"感情牌"来赢得老板的额外认可，但这种做法在强者主导的环境中往往难以奏效，因为强者更看重实际的价值贡献。

　　那么，普通人是否有可能从底层实现逆袭呢？答案是肯定的，但过程可能会很艰难。这种艰难并非仅仅因为缺乏金钱、资源或人脉，这些外在因素虽有影响，但更深层的原因在于难以打破文化属性在心灵深处设下的枷锁。要实现逆袭，普通人需要经历一场深刻的自我革新，打破旧有思维模式的束缚，才能真正迈向成功。

首先，我们要认识到，真正的魅力和影响力源自个人的内心世界和自我价值的实现。在社交互动中，我们常常面临各种挑战和困惑，比如如何在人群中脱颖而出，如何与他人建立深入而有意义的联系，以及如何在关系中保持自我并占据主导地位。这些问题的答案其实都深藏在强势文化中。

为了应对这些挑战，我们需要建立强者框架。强者框架是一种内在的心态和认知模式，它能够帮助我们在社交互动中保持自信、坚定，并能够以积极的态度影响他人。拥有强者框架的人能够在各种社交场合中展现出独特的魅力，因为他们深知自己的价值，并能够通过情绪价值的传递让他人感受到这种价值。情绪价值是社交吸引力的核心，它超越了物质的生存价值和外在的繁衍价值，是一种源自内心的更深层次的价值体现。当我们能够自如地掌控自己的情绪，传递出积极、自信、乐观的情绪时，我们就能够吸引他人，建立起稳固而强有力的社交联系。

在实际的社交活动中，我们可以通过以下几种方式来提升自己的情绪价值，从而增强吸引力和主导地位，建立强者框架。

1. 自我认知与接纳。认识并接受自己的现状是建立强者框架的第一步。我们需要深入了解自己的优点和不足，明确自己的价值所在，并在此基础上制订改变和提升的计划。同时，心智模型（即大脑基于过往经验形成的认知框架，决定着我们理解世界和认识事物的方式）的优化也很重要，我们的每一个行为和反应都是基于过往经历和心智模型的积累。通过不断的自我反思和训练，我们可以改变自己的心智模型，从而改变我们的行为和习惯，更有效地展示自我价值。

2.技术层面的学习。在拥有深刻认知和稳定心智模型的基础上，我们可以通过学习社交技巧和策略来进一步提升自己的社交能力，这包括如何进行有效沟通、如何建立联系感、如何在聊天中创造情绪价值等。

3.实战演练。理论知识的学习需要通过实践来检验和巩固。在真实的社交场景中不断尝试和练习，通过不断的反馈和调整，我们可以更好地掌握社交的艺术，提升自己的情绪价值。社交能力的提高是一个持续的过程，我们需要不断学习新知识，掌握新技能，并将其应用到实际生活中，同时，我们还需要保持对自我价值的坚定信念，不断提升自我，不断增强自己的吸引力。

通过上述方法，我们可以逐步建立起自己的强者框架，提升情绪价值，从而在社交互动和社会生活中展现出独特的魅力，占据主导地位。我们一定要时刻提醒自己，真正的魅力和影响力源自自己的内心和自己的行为，而不是外在的物质条件或他人的评价。当你成为一个真正的强者时，你就会发现社交互动变得更加轻松自如，而你的人生也会因此变得更加精彩。

突破自卑与恐惧，以强者心态改写命运

很多时候，碌碌无为者并非输在了一件事情的难度上，而是输在了一种非常自卑、脆弱的心理状态上，这种心理状态让他们对尝试新事物，尤其是那些曾经让他们畏惧的事物感到异常恐惧。这种心理状态，是他们难以改变命运的关键因素。

> 在电影《肖申克的救赎》中，主人公安迪·杜佛兰被冤枉杀害妻子和妻子的情人，被判终身监禁。安迪在监狱中始终保持着希望和信念，利用自己的智慧和才能，为监狱的囚犯们争取到了更好的生活条件，同时也为自己策划了逃脱计划，并最终成功逃脱，改变了自己的命运。
>
> 而与他形成鲜明对比的是监狱中的另一位角色——老布，他已经在监狱中度过了大半生，对监狱生活产生了深深的依赖和习惯，害怕外面的世界。当他因年老体弱获得假释出狱时，他并没有感到高兴，反而充满了恐惧和不安。他担心自己无法适应外面的生活，无法找到自己在社会中的位置。这种弱者思维让他在面对新的生活挑战时显得无助和脆弱，最终导致了他的自杀。

弱者在长期的困境中，逐渐养成了一种消极的思维习惯，即总是预先构想出最糟糕的结果，并以此作为放弃的理由。然而，这种逃避并不能真正解决问题，反而让内心更加挣扎与痛苦。

弱者往往将未来的困难过分放大，以至于对任何带有风险的行为都望而却步。他们害怕在争取的过程中遭遇打压、攻击和贬低，因此宁愿选择现状，哪怕这种现状是痛苦且缺乏成长的。这种选择，实际上是对自我潜能的极大浪费和限制。

相比之下，那些心理强大的人，则能够将外界的负面评价视为成功的垫脚石。他们内心坚定，相信自己能够克服一切困难，实现目标。这种自信与坚定，使得他们在面对挑战时能够全力以赴，即使遭遇失败也不轻言放弃。他们相信，每一次尝试都是向成功迈进的一步，每一次失败都是成长的契机。这些人在追求目标的过程中，能够全身心地投入，享受过程中的每一刻。他们不在乎外界的看法，只关注自己是否尽力而为。这种专注与投入，使得他们能够在自己的领域内取得卓越的成就，赢得他人的尊重与认可。

成功的人之所以成功，是因为他们能够专注于当下正在做的事情，全身心投入而不受外界干扰。他们知道成功并非一蹴而就，而是需要经历无数次的尝试与失败。因此，他们愿意付出努力与汗水，坚持不懈地追求自己的目标。这种精神与态度，正是我们所有人都应该学习和借鉴的。

建设自我愿景
——你渴望成为什么样的人

在人生的征途上,首要任务是清晰地勾勒出自我愿景。这份愿景须源自深切的自我认同与热爱,驱动着你不断前行,用实际行动证明自己的价值。每当你跨越一个个障碍,实现一项项成就时,你的精神之树便愈发根深叶茂,最终你将拥有改写现实、扭转他人偏见的强大力量。

也许有人会说,我没有资源和能力,哪有成功的底气呢?这其实只是弱者给自己找的借口。历史长河中,无数从底层崛起的英雄,起初皆是一无所有,唯有那份对更好生活的强烈渴望,成为他们攀登高峰的不竭动力。

> 刘邦在起事之初,面对的是强大的秦朝和各路诸侯的割据势力。他既没有项羽那样的勇武无双,也没有张良、韩信那样的智谋超群,但他却凭借着自己的坚韧不拔和知人善任,逐渐聚集起了一支忠诚的军队和一群才华横溢的谋士。
>
> 在楚汉争霸的激烈斗争中,刘邦屡败屡战,却从不轻言放弃,最终凭借着智慧和勇气,战胜了强大的项羽,建立了汉朝,开创了四百余年基业。

起点的高低并不决定人生的高度，关键在于我们是否拥有明确的愿景、坚定的信念以及持续的努力，去探索和实现个人潜能与价值。你有权力选择自己的道路，是继续安于现状，还是勇敢接受挑战，踏上成长的征途？

如果你想改变，就要接受挑战和竞争的规则，不断提升自己，让自己变得强势。

首先，你要拥有干大事的野心和强烈的欲望；

其次，你需要不遗余力地投资自己，汲取智慧，不断充实自我；

再次，你需要把所学的内容付诸实践，勇于碰壁，敢于试错，去积累实战经验，甚至废寝忘食，全力以赴地投入工作和事业中。唯有如此，方能开辟出一条通往成功的道路；

最后，你需要珍惜身边的每一个贵人，你还需要找到志同道合的伙伴，和你共同攀登人生的高峰。

弱者总是喜欢抱怨命运对自己不公，抱怨父母不能给自己足够的支持，他们习惯于把命运交到别人手中，最后只能任人摆布，却毫无招架之力。相反，强者总是亲自掌控自己的命运，这也正是强势文化的魅力所在。当主动权紧握在手，摆脱了依赖的束缚时，你会发现行动力与自信心将如潮水般涌来，推动你不断向前，直至抵达梦想的彼岸。记住，你的人生，由你自己做主，你的未来，由你自己创造。

第二章
你为什么不够强势

有很多人在面对挑战和冲突时,总是容易妥协和退让。这种弱者心态的形成并非偶然,而是由多种因素共同作用的结果。本章将深入剖析形成弱势心态的原因,包括低自尊、讨好型人格、面子主义等。通过了解这些障碍,你将认识到自己在哪些方面受到限制,并为接下来的转变打下坚实的基础。

低自尊者陷阱：我配不上这些美好

生活中，总有一些人在待人接物时优先满足别人的需求，却不好意思表达自己。他们总认为自己"不配拥有美好的东西"，从而无限放低自尊，小心翼翼地活着。

如果一个人身在古典音乐会现场能坦荡地说出"其实我平时不太能欣赏这类音乐"，或者在艺术展现场和同行的美术生同学说"有点看不懂，你看得懂吗"，这通常表明说话者的自尊感是比较高的。这种坦率和自信，往往源自个体对自己认知的清晰和对自我价值的肯定。他们不害怕表达自己的真实感受，也不担心他人的评价，因为他们深知自己的价值不取决于外界的认可，而是内在的自我认同。相反，那些在类似场合选择沉默或随波逐流的人，可能正受到低自尊的影响，害怕自己的真实想法会遭到否定或嘲笑。

低自尊者往往在成长过程中缺乏足够的肯定和鼓励，他们可能经常被批评和比较，导致自己对自己的能力产生怀疑。这种心理状态使他们在面对挑战时更容易选择退缩，而不是勇敢地站出来维护自己的立场。他们可能认为自己的意见不重要，或者担心表达真实想法会破坏人际关系。

自尊，其实就是一个人看待和认知自己的方式、视角，以及赋予自己的价值。低自尊通常对自己的性格、个性、品质、精神等都持有负面的认识，觉得自己配不上美好的东西，不值得美好的赞许。

低自尊会让人不自觉地陷入一种拧巴的困境中，当身边有人发火时，即使令对方生气的不是他，他也会忍不住向对方道歉以避免冲突；当听到他人的称赞时，他可能会觉得不安，认为自己配不上如此赞许，会不自觉地反驳对方"哪有那么好"，以减轻内心的不适感；当身边发生冲突或争吵时，对方气焰高起来，他便会自动退让，失去理智思考和辩驳的能力。

初入职场的人往往很容易陷入自我价值感忽高忽低的状态。比如，你早上在公司门口碰到领导，领导向你微笑点头，你内心一阵狂喜，心想是不是最近工作得到领导认可了，于是整个上午心情都无比愉悦。然而，下午开会时，当你当众表达自己的想法后，领导却眉头紧皱地质疑道："这个创意很多人用过了，还有更好的方式吗？"你立马僵住，被否定的羞辱感立刻占了上风，一时间答不上来。会议结束后，你拼命回忆刚刚会上的每一个环节，包括领导的表情、讲话的语调，反复确认领导为什么那样质问自己，不停地怀疑领导是不是讨厌自己。如此辗转反复，陷入无限内耗中，无法独立思考，进而失去了判断能力。

那么，为什么会产生低自尊水平呢？这通常要追溯到生命早期的经历。如果说你小时候总是被责骂、惩罚或经常会被大人忽略，父母对你的教育方式非常严厉，很少会受到来自外界的夸奖、鼓励或者是喜爱，甚至有过被霸凌或者是孤立的经历，常常承受过多的压力或者是绝望情绪，处在不被公平对待的家庭环境当中，都可能导致低自尊的形成。

> 在电影《被嫌弃的松子的一生》中，松子因原生家庭的父爱缺失而深陷低自尊的泥潭。作为家中长女，她长期被忽视，为了得到父亲的关注不惜代价，这种经历使她对自己的价值极度不确定。这种低自尊感不仅导致她在职业和社交方面失去了很多机会和可能，更让她在感情生活中遭受了巨大的痛苦和伤害，成为一个"被嫌弃"的人，她的生活因此变得悲惨和不幸。

自尊感低的人常常不擅长表达自己，这在任何需要自我展示、自我推销的场合都是一个巨大的缺陷，例如应聘面试或追求爱情。试想两个面试者，同样面对面试官的问题，第一个人非常迅速而自信地回答，大方地展示自己的优点和能力，用词积极，态度明确且自我介绍前后一致；而另外一个人则吞吞吐吐，评价自己的态度含糊，不够笃定。面试官自然倾向于录用前者。或许二人各有千秋，各自适合不同的岗位，但在现代社会中，那些高自尊的人确实更受青睐，我们的生存环境也更相信那些自信笃定的人。

再想象一下，两位单身青年在相亲或初次约会的场景中，第一位青年眼神坚定，言谈间流露出对自己的认可和自信，能轻松地分享自己的兴趣爱好、梦想与成就，同时也真诚地询问对方的情况，展现出对这段关系的积极态度；而另一位青年则显得较为拘谨，他的话语中充满了自我怀疑和不确定，总是用"可能""也许"这样的词汇来修饰自己的想法和经历。当被问及自己的优点时，他支支吾吾，难以明确表达，甚至有时会不自觉地贬低自己。他的眼神游离，缺乏与对方的深度连接，整个氛围显得有些尴尬和沉闷。在这样的对比下，不难理解为何自信的一方更容易赢得对方的青睐。因为爱情不仅仅是两个人之间的情感交流，更是两个灵魂的相互吸引和认可。一个自尊感低、对自己缺乏信心的人，很难在爱情中展现出足够的魅力和吸引力，从而错失了许多可能的美好缘分。

低自尊像一道无形的枷锁，束缚着个体的成长与发展。然而，我们并非无力改变这一现状。通过自我认知的提升、积极的心理干预、建立健康的人际关系网络，以及不断寻求外界的支持与鼓励，我们都可以逐步走出低自尊的阴影，重拾信心。

为什么你总是无法拒绝别人

有些人常常陷入一种难以言喻的困境——无法拒绝别人的请求或要求。这种无条件的顺从，虽看似赢得了他人的好感与认可，实则悄然间削弱了自己内心的力量与边界，成为阻碍自己展现真正自我、实现强势成长的隐形牢笼。

有这样性格的人，往往也被认为有讨好型人格。这是心理学家萨提亚提出的一个概念，指的是对别人有求必应，凡事不拒绝不反抗的一种人格特征。讨好型人格的人在潜意识里希望用讨好来获得别人的认可和关心，让自己的生存和生活更加顺利。他们以牺牲自己的部分权利为代价，压抑自己的需求，认为只要对别人好，别人也会同等地对自己好。

然而，讨好型人格最关键的问题在于把自己看得太重又太轻，太重是他们过分在意自己在别人心中的分量，太轻是他们忽视了自己的需求。比如聚会时，从来不会拿起菜单主动点菜，因为害怕被人否决，怕点的菜被人说不好吃，所以从不掺和，别人点什么就吃什么。但实际上，讨好、付出并不会换来别人等价值的回报，当你不懂拒绝的时候，别人只会觉得你缺乏个性和主见，很好拿捏。

不会拒绝，不仅仅是讨好型人格在作祟，还因为特别害怕冲突。我有很多朋友，包括曾经的自己在内，都有所谓的"冲突恐惧症"。每次想要拒绝别人、反驳别人的时候，都要经历漫长且艰辛的内心挣扎大戏，最后的结果往往也是顺从和逃避。

这种什么事都行、什么都无所谓的老好人，看似大大咧咧，与世无争，但其实不管是对自己还是对别人，都没有什么益处。在日常生活中，有很多朋友每次踏入一家新的理发店、健身房、KTV这些场所都很容易被说服而办理会员卡，而在商场里，更是难以抵挡推销人员的游说，常常买回一堆并不真正需要的东西。这一切，都缘于他们难以拒绝他人。

在恋爱关系中，这种性格的弊端同样显著。面对不喜欢的人的表白，他们往往因为不忍心伤害对方或害怕冲突而选择不拒绝；而当感情已经走到尽头时，他们却又因为害怕面对分离的痛苦或担心被孤立，而迟迟不肯放手。这样的犹豫和拖延，不仅耽误了自己的幸福，也让对方陷入了无尽的困扰之中。

在职场上，这种害怕冲突、难以拒绝他人的性格更是致命。这样的人往往容易被同事或上司利用，成为他们眼中的"廉价劳动力"或"背锅侠"。他们不敢表达自己的意见和需求，害怕引起不必要的争端，结果却让自己陷入了更加被动的境地。

为什么我们会害怕冲突？从心理形成层面来讲，极有可能是因为我们在成长的过程中，很早就丧失了表达观点的权利，这可能是因为我们有一个情绪不稳定的家长，或许因为遇到过某些异常霸道的老师或是朋友。比如某些父母，他们本身缺乏一个稳定的情绪内核，他们的"易碎体质"让他们难以接受孩子跟自己有不同的意见，一旦孩子稍有争辩，父母就会立刻情绪崩溃。以一个例子来说明：

> 当你的妈妈为你选购了一件衣服，你试穿后向她表达了自己的看法："妈妈，我觉得这件衣服不太合我的品位，或许您应该考虑退货。"在这种情况下，一个心态平和的母亲可能会回应说："好的，没问题。看来以后选购衣物时，还是应该你自己试穿。"然而，如果面对的是一个情绪敏感的母亲，她可能会情绪激动地回应："我辛辛苦苦地为你挑选衣服，你连一声谢谢都没有，反而还挑剔。以后我什么都不会再为你买了。"

情绪崩溃的突然爆发，其破坏力不亚于禁止孩子表达自己的观点。对于尚未完全形成观念认知的孩子而言，这种崩溃是灾难性的。他们无法理解父母为何会情绪失控，也不清楚何时会遭遇父母的爆发。孩子们唯一明白的是，他们认为自己是父母痛苦的根源，这导致他们产生了一种错误的信念：只要他们不断地顺从父母，让父母开心，问题就能迎刃而解。

如果一个人在童年时期就不得不小心翼翼地生活，总是担心惹父母不悦，总是避免冲突，这种行为模式根深蒂固，那么长大后他很可能会以同样的方式对待他人。在童年时期，我们别无选择，只能忍受与父母的冲突可能带来的责骂并缺乏安全感。这种恐慌悄无声息地潜入我们的意识。长大后，我们也会觉得自己别无选择，只能继续避免冲突。这就像那些从小在动物园长大的狮子和老虎，长期的驯化使它们不再相信自己是丛林之王，不再信任自己的战斗本能。即使有一天它们被放归自然，也可能因为缺乏自信而无法独立生存。

问题的核心在于我们的潜意识在不断提醒我们，我们似乎别无选择。然而，现在我们已经长大成人，拥有了更多的选择。我们需要改变的不是性格，而是一种习惯，一种长期形成的对冲突的条件反射式的恐惧。由于害怕冲突，我们往往硬着头皮接受所有的请求。

当一个人害怕冲突时，心理活动是这样的：我不能说太重的话，对方生气了怎么办？有了这样的心态，便只能任由对方说什么就是什么。如此一来，我们的想法始终没有得到准确的表达，甚至当对方要求过分、侵犯了我们的利益时，我们也无法及时制止，无法为自己争取权益。然而，逃避或许能短暂地逃离麻烦，但时间久了，只会让矛盾越来越深。比如借钱给别人后，对方一直没还，但我们始终不好意思开口要，害怕因为要账伤了感情，而选择了长久的回避。但这种回避，最后吃亏的终究是自己。

"有人的地方，就有江湖"，只要有人际关系存在，就不可能完全没有冲突。性格不同、爱好不同，可能会产生小冲突；价值观不同、立场不同，可能会引发大冲突。一味地逃避只会让自己更痛苦。

> 　　小王在大学毕业后，幸运地获得了进入一家大型公司的机会。然而，他很快意识到，在这个公司里，人员众多，人际关系错综复杂，各部门之间竞争激烈，派系林立。在共进午餐时，他注意到一些同事会私下议论其他部门的同事，并在议论后询问小王："你怎么看？你说对不对？"由于与被议论的同事并不熟悉，小王不便发表意见，但又不愿直接反驳资深员工，因此只能含糊其词地回应。几天后，被议论的同事找到小王，指责他在背后说自己的坏话，并要求他道歉。小王感到委屈却无法辩解，担心得罪同事，最终无奈地道歉了。这件事之后，小王在公司中被贴上了"容易欺负"的标签，他的懦弱形象也逐渐为人所知。

　　害怕冲突，最后却成为冲突的受害者，过多的逃避让本来很好解决的事情越来越复杂，到最后变得没有回旋余地。避免潜在冲突没有错，但这不是处处忍让、低声下气的借口。必须克服害怕冲突的心理，才能解决冲突，让自己始终立于主动地位。

面子主义：
太要面子，你的气场就弱了

爱面子是人的天性，人人都希望得到别人的尊重，能够活得体面，有尊严。然而把面子看得太重，放不下架子，磨不开面子，是最典型的弱者心态。注重面子，为了维护所谓的虚荣心，始终活在看似华丽的外表下，生活就会带上负担前行，人也会越来越闭塞、懦弱。

> 公元前651年，周王室权威日衰，诸侯离心。郑国因与周襄王产生了外交龃龉，竟扣押了周王室使臣，此等僭越之举令周襄王颜面尽失。朝臣劝谏以和为贵，遣使斡旋，然周襄王却如困兽般焦躁不安，他无法接受诸侯对天子的轻慢。
>
> 就在此时，北方异族翟国遣使来朝，提出愿助周王室讨伐郑国。周襄王仿佛抓住救命稻草，竟不顾"引狼入室"的警告，欣然应允。为彰显天子威仪，他迎娶翟国公主，并召回曾被流放的叛弟王子带，意图借此重振王室声威。
>
> 然而，这一决策如同打开潘多拉魔盒。翟国军队南下后，虽短暂震慑郑国，却迅速显露出掠夺本性，在中

> 原劫掠无忌。王子带更与翟国公主勾结，发动政变，周襄王被迫逃亡至郑国。讽刺的是，他最初欲报复的郑国，最终成为其避难所。为复位，周襄王不得不割让温、原等战略要地给晋国，沦为诸侯附庸。
>
> 周襄王因面子引狼入室，终遭反噬。他无法接受诸侯的不敬，却忽视了翟国的威胁；他渴望重振天子威仪，却亲手将王朝推向深渊。正如史书记载："皮之不存，毛将焉附？"当生存根基被动摇时，面子不过是虚幻的泡沫。这一决策不仅葬送了周王室的最后尊严，更成为后世警示：真正的强者懂得在面子与生存之间做出理性抉择，而弱者往往被虚妄的尊严拖入深渊。

"人活一张脸"，没有人会不在意自己的脸面。但是，很多人把尊严美化成面子，逐渐虚化对尊严的理解，任由自己追逐面子。人性本就虚荣，人们总会觉得，没了面子，自身的价值就会贬值。但真正的尊严，不应仅仅建立在表面的光鲜之上。

真正的尊严，源于内心的坚定和自我价值的认同。它不是通过他人的评价和认可来衡量的，而是建立在个人的信念、能力和成就之上。当一个人过分追求面子时，他往往会失去自我，变得盲目和脆弱。因为面子往往需要他人的肯定来维持，一旦遭遇挫折或批评，这种建立在他人看法上的尊严就会瞬间崩塌。

事实上，真正的强者并不需要依靠面子来证明自己。他们更注重实际的行动和结果，而不是表面的风光。他们懂得在适当的时候放下所谓的面子，以更加务实和灵活的态度去面对生活中的挑战。这种放下，不是软弱，而是一种智慧，一种对自我价值的深刻理解和自信。

> 勾践，春秋时期越国的君主，面对吴国强大的威胁和个人的奇耻大辱，展现出了真正的尊严与坚韧。
>
> 公元前494年，越国在与吴国的战争中大败，勾践被迫带着残兵败将逃回会稽，并向吴王夫差求和，沦为阶下囚。在吴国为奴的三年里，勾践忍受了极大的屈辱，但他从未忘记复国的梦想。他晚上睡在柴草堆上，吃饭时舔尝苦胆，以此来提醒自己不忘会稽的耻辱，这种卧薪尝胆的行为，正是他内心坚定和对自我价值深刻认同的体现。同时，勾践也展现出非凡的智慧，他极力表现自己的忠诚和顺从，以获得吴王的信任。最终，勾践得以回到越国，他重用贤士，实施了一系列经济和军事改革，经过十多年的艰苦奋斗，越国国力逐渐恢复，最终打败了吴国，勾践也成为春秋时期的最后一位霸主。

勾践懂得在适当的时候放下所谓的面子，以更加务实和灵活的态度去面对生活中的挑战。这种放下，不是软弱和退缩，而是一种深刻的智慧和自信。他明白，真正的尊严不是建立在他人看法之上的虚幻泡沫，而是源于内心的坚定和自我价值的认同。正是这份对自我价值的深刻理解和自信，让勾践在逆境中崛起，成了历史上一位令人敬仰的强者。

　　面子不会带给我们多少好处，只会阻碍我们前进的道路。那些敢于承认错误并积极改正的人，往往能够获得更多的信任和尊重，而那些为了面子死不认错的人，最终只会失去更多的机会和资源。面子主义让我们在面对挑战时畏首畏尾，不敢承担风险，从而错失成长和进步的良机。真正的强者，不是那些从不犯错的人，而是那些敢于面对错误、勇于承担责任的人。

　　在商界，那些能够放下身段，与对手进行合作，甚至在必要时接受批评和建议的企业家，往往能够带领企业走得更远。他们知道，企业的长远发展和成功才是最终的目标，而不是一时的面子。相反，那些固执己见，不愿意接受外界意见的领导者，往往会使企业错失转型和创新的机遇，最终被市场淘汰。

　　在个人生活中，我们同样需要认识到，真正的尊严来自对自己能力的了解和对个人价值的坚持。当我们能够坦然面对自己的不足，勇于承认错误，并从中学习和成长时，我们才能赢得他人的尊重和信任。面子不应该成为我们行动的枷锁，而应该是我们内心力量的外在表现。

　　因此，我们应该学会在不同的场合和情境下，正确地评估和处理面子问题。在需要坚持原则和立场的时候，我们要勇敢地站出来，维护自己的尊严；而在需要灵活变通和合作的时候，我们也要敢于放下不必要的面子，以更加开放和包容的心态去迎接挑战。只有这样，我们才能不断进步，成为真正的强者。

好人综合征：凡事顺从，追求"好人缘"

我们身边经常能发现这样的人，他们在群体里凭借自己的"好性格"极力维持周围的和谐氛围，试图成为一个"好人"，赢得"好人缘"。这样的人，也被称为"老好人"，看似"好"，实际上在他人眼中，是弱势的、不值得被在意的。

美国心理学家莱斯·巴巴内尔在其著作《揭开友善的面具》中写道：有友善病的人，之所以表现得友善，有可能存在天生的人格问题，如自卑或孤僻，也被叫作"好人综合征"，他们所做的都是对别人有利、讨别人喜欢的事情，以此填补自己内心的空缺。

实际上，这种过度的友善和顺从往往会导致他们忽视自己的需求和感受，甚至在某些情况下，成为别人利用的对象。他们可能会在工作和生活中承担过多的责任，却得不到相应的回报和尊重。长此以往，这些"好人"可能会感到疲惫不堪，甚至产生心理问题。

> 作家三毛曾分享过她一段难忘的个人经历。在她出国留学的日子里，她与几位室友共同生活。她深受传统家庭教育的影响，遵循着相互谦让、礼貌交往的原则，主动承担了所有的清洁工作。最初，室友们还会考虑分担，但随着时间的推移，清洁工作逐渐变成了三毛一个人的责任，垃圾清理也总是落在她一个人身上。她的室友逐渐将三毛的付出视为理所当然，甚至有时会带其他同学来宿舍聚会，导致宿舍一片狼藉，却无人负责。她们心知肚明，三毛总会默默地收拾残局。
>
> 直到某一天，三毛再也无法忍受这种状况，终于在所有人面前爆发，愤怒地指责这种不知感恩、缺乏责任的行为。自那以后，室友们的举止发生了显著的改变，清洁工作也不再是三毛一个人的责任。
>
> 尽管在他人看来，三毛可能变得难以相处，但她自己的生活却因此变得无忧无虑、轻松自在。

这个故事启示我们，只有当我们拥有保护自己的力量、坚定地维护自己的利益时，我们才能真正掌握自己的生活。

为了避免陷入"好人综合征"的困境，我们需要学会适度地拒绝他人。这并不意味着我们要变得冷漠和自私，而是要学会在帮助他人的同时，也要关注自己的需求和感受。我们需要认识到，每个人都有自己的责任和义务，我们不能总是为了别人而牺牲自己。只有在平衡好自己和他人需求的基础上，我们才能成为一个真正意义上的"好人"，而不是一个被他人利用的"好人"。

此外，我们还需要学会建立明确的界限。这意味着我们需要明确地告诉他人，我们愿意在什么情况下提供帮助，以及我们不愿意被利用。通过设定界限，我们可以更好地保护自己，避免陷入过度友善和顺从的困境。

同时，我们也可以通过这种方式，让他人更加尊重我们，而不是把我们当作理所当然的"好人"。学会在适当的时候说"不"，这并不容易，因为拒绝他人可能会让我们感到内疚或不安。但是，只有通过拒绝，我们才能真正地保护自己，避免被他人利用。学会说"不"也是一种自我尊重的表现，它能够帮助我们更好地掌控自己的生活，不被他人牵着鼻子走。

你为什么没有勇气求助别人

"上山缚虎易，开口告人难"，很多人像这句谚语说的一样，在面对困难时宁愿独自承受压力也不愿去寻求帮助，似乎认为独自解决问题才是勇敢的表现。

然而，心理学研究揭示了一个不同的视角：羞于向他人求助的人往往是生活中的弱势者，他们往往对"求助"这件事情的心理壁垒很高，难以跨越。

求助之所以被视为"弱势"的代名词，是因为它触动了我们内心的脆弱感。求助在你眼中是麻烦他人的行为，也意味着当你需要他人的时候，你便将自己放置在一个被动脆弱的位置，同时你赋予他人伤害你的能力。求助他人时，你不得不面对一个事实：我不够强，我不够好——这让我觉得痛苦和不安。于是我们宁愿选择独自奋斗，即使失败了，也宁愿悲壮地倒下，不愿接受他人帮助。

从心理学层面讲，羞于求助有两方面的原因：第一，作为求助者的我们往往会低估他人的"依从性动机"，即他人帮助我们的意愿；第二，我们也会倾向于低估他人的"亲社会动机"，即人们内心深处帮助他人的本能。

有这样一项心理学命题研究：当你一个人出门在外时，你需要打电话却发现手机没电了，必须向身边的陌生人借手机。你可能觉得自己需要问很多个人才能找到同意借手机给你的人。然而研究表明，实际上你只需要询问较少的人就能成功借到手机。人们普遍高估了自己需要询问的人数，在多数人眼里，向陌生人求助的难度很高。

低估他人依从性的现象不仅在"借手机"的情境中存在，也在其他多个求助场景中得到了验证，比如请求陌生人帮忙填写问卷、询问复杂的路线等。可见，我们总是对他人是否会提供帮助缺乏信心。但如果角色互换，当我们站在被求助者的角度时，会发现拒绝也很难。拒绝他人的请求不仅需要一个简单的"不"字，还会面临冒犯求助者的风险，并且要承受尴尬等负面情绪。我们自己作为求助者时，往往会忽视这些心理负担，从而夸大被他人拒绝的可能性。

实际上，帮助他人是一种亲社会行为，即个体自愿提供的、有益于他人的、能促进人际关系协调的行为。在可实现的基础上帮助他人，不仅可以满足我们的基本心理需要，还可以让我们作为助人者也获得积极的心理体验，简单理解就是"助人为乐"。

帮助他人的行为可以满足我们的三种基本心理需要：第一种，自发、自主地选择帮助他人满足了我们的自主需要；第二种，帮助他人使我们感受到来自他人的信任、加强了我们与对方的联系，满足了我们的关系需要；第三种，帮助他人侧面证明了自己的能力，满足了我们的能力需要。

研究者发现，求助者的预期比被求助者的真实心态更加悲观。与被求助者的真实感受相比，在求助者的预期中，被求助者的助人意愿更低、积极情绪更少、更倾向于感到麻烦、亲社会动机更弱。

因此，从依从性动机出发，部分研究者认为，我们总是以为他人是为了遵守人际交往的隐性规则而同意请求，而不是真心实意地希望帮助你，另一些研究者还提出，低估他人的亲社会动机也是阻止人们开口求助的一大障碍。

史蒂夫·乔布斯在1994年圣克拉拉谷历史协会的一次采访中表明了对求助这一行为的看法，他说："多数人缺少人生经历的重要原因，就是他们从来不去求助。"

> 1967年，12岁的乔布斯正痴迷于电子学，他满心渴望制造一个频率计数器，可难题横亘在前——他根本没有足够的钱去购买所需的配件。
>
> 彼时的乔布斯，已然显露出超越年龄的果敢与勇气，他通过电话黄页，费尽周折找到了惠普公司联合创始人比尔·休利特的电话号码，怀着紧张又期待的心情拨通了电话。电话接通的那一刻，稚嫩却坚定的声音传来："你好，我是史蒂夫·乔布斯，我今年12岁，还是个中学生。我对电子学特别着迷，现在正打算自己动手做一个频率计数器，可我没有买配件的钱，所以冒昧打电话问问您，您那儿有没有多余的配件能帮我一把，让我把这个东西做出来呀？"
>
> 电话那头的比尔·休利特被这孩子突如其来又赤诚坦率的请求触动了。他感受到乔布斯话语里对电子学纯粹的热爱和无惧无畏的冲劲，当即豪爽地应允下来，不

> 仅安排人将乔布斯所需的配件免费赠予，还热情邀请乔布斯暑假到惠普公司来打工。
>
> 那个暑假，乔布斯如愿踏入惠普公司。在惠普，他浸润于浓厚的科技研发氛围，周围是顶尖的工程师、精密的仪器设备以及前沿的技术理念，他帮忙做些基础工作，比如整理电子元件、协助简单测试等，其间得以近距离观摩、学习电子产品从设计图纸到成品诞生的全过程，也结交了不少业内人士。比尔·休利特在乔布斯后续漫长且辉煌的创业生涯中，始终扮演着类似引路人的角色，乔布斯会不时向他请教行业见解、企业经营策略，汲取着前辈的智慧与经验，而这段早年经历，无疑成为乔布斯传奇人生中一抹独特且意义深远的开篇亮色，早早埋下他在科技商业领域大展拳脚的种子。

我们可能会觉得乔布斯是天生的精英人士，他从小就拥有这样的勇气和天赋，又或者是他运气足够好，才能如此轻松地被满足需求。但实际上，提出请求并得到满足的情况或许比我们想象的更加普遍。一项跨文化的观察研究发现：日常生活中自然发生的请求有88%都得到了满足。这表明，尽管我们可能对求助持悲观态度，但现实中的他人往往比我们预期的要更加慷慨和乐于助人。人们在日常生活中提出请求时，往往能够得到积极的回应，这可能是因为大多数人内心深处都有一种帮助他人的愿望，这种愿望超越了文化、地域和个人差异。因此，我们不应该因为害怕被拒绝而放弃求助，而应该更加自信地去寻求帮助，因为这不仅能够帮助我们解决问题，还能够促进人际关系的和谐。

所以，我们大可以少一些焦虑和恐惧，少一些悲观的预期。在必要时向他人求助，只要真诚地、合理地提出请求，往往也会得到对方温暖的回应。

在人生的旅途中，我们会遇到各种各样的问题和挑战，其中不乏那些超出我们能力范围、让我们感到困惑和无助的特殊情况。面对这些难题，我们往往会因为自尊心作祟，或是长期形成的独立解决问题的习惯，而固执地想要独自解决，不愿向他人求助。然而，这种坚持往往会导致我们浪费大量的时间和精力，甚至可能因此错过更好的解决方案或机会。

因此，学会向他人求助，不仅是对自己能力的一种理性认识，更是对人生智慧的一种深刻理解。它教会我们如何在困难面前保持谦逊和开放的心态，如何在团队合作中发挥自己的优势并借鉴他人的长处。只有这样，我们才能在人生的道路上不断前行，不断成长。

你为什么总是在乎别人的看法

生活在复杂的社会关系中，我们不可能完全不在意别人的言辞：在学校里，我们在意老师和同学的看法；在工作中，在意领导和同事的评价；在家庭里，在意父母、子女、伴侣对自己的看法。然而，太在意他人的看法可能会造成心理机制上的缺陷，因此而迷失了自己。

那么，为什么我们会如此在意他人看法呢？这背后的原因主要有以下几点：

第一，内心深处对认可的深切渴望。正如马斯洛需求层次理论所揭示的，人们对于尊重和认可的需求是不可或缺的。因此，他人的每一句话、每一个眼神、每一个细微的动作，都可能如微风般拂过我们的心田，引发我们行为的微妙变化。当获得他人的认可时，我们仿佛被注入了无尽的信心与活力；而一旦遭遇否定，我们则可能陷入深深的自我怀疑与沮丧之中，甚至丧失前进的动力。

第二，社会奖惩机制的影响。在社会中，我们往往被一套无形的规则所约束，这套规则告诉我们：做得好就会得到奖励，做得不好就会受到惩罚。以职场为例，业绩突出的员工通常会获得晋升和丰厚的物质奖励，而违反公司规定的员工则可能面临批评和处罚。这种"做得好有奖，做得不好受罚"的机制，使得我们更加在意他人的看法，并努力寻求他们的认可。

第三，追求自我实现的一种体现。在马斯洛需求层次理论中，当基本的生理、安全、爱与被爱以及被尊重的需求得到满足后，人们就会开始追求更高层次的自我实现。在这个过程中，很多人认为获得他人的认可是实现自我价值的关键。比如，作家希望通过畅销书来展现自己的才华，演员渴望通过一夜成名来赢得观众的喜爱，导演则希望通过高票房的电影来证明自己的实力。这些都是他们通过努力获得他人认可，进而实现自我价值的体现。

第四，比较心理。人们总是在与他人的比较中判断自己的价值，并在不同阶段寻找参照人物来评价自己。当我们发现自己与他人存在差距时，就会渴望通过努力追赶并获得对方的认可，以此来提升自己的价值感和成就感。比如在学校，学生们会比较成绩；在职场，员工们会比较业绩等，以确定自己在群体中的位置和价值。

然而，我们时常会陷入一种矛盾之中：明明理智上明白无须过分在意他人的看法，但情感上却难以释怀。这深层次的根源在于我们对自我认知的模糊与不确定。我们既不清楚自己的定位，也无法坚定地相信自己的价值与能力，时常在自我怀疑与自我肯定之间徘徊。这种不确定性驱使我们不断向外寻求确认，将他人的评价作为衡量自己的标尺。当他人给予肯定时，我们心中稍安；而一旦遭遇批评，便又陷入不安与焦虑。

这种对他人看法的过度依赖，实际上反映了对自我直觉的不信任。从日常生活中的琐碎选择，如衣物搭配、饮品口味，到人生的重要决策，如专业选择、工作策略，我们总是倾向于依赖他人的意见，而非自己的感觉与判断。这背后，是内心深处的一种自卑感，认为自己缺乏足够的智慧、经验与能力，而他人则更为强大与优越。

> 以一位自媒体创作者为例，这位自媒体创作者曾经在创作过程中非常注重观众的反馈，尤其是那些负面的评论。他总是试图去迎合观众的喜好，希望能够得到更多的认可和赞赏。然而，这种对观众反馈的过度关注让他失去了创作的初心和方向，他的视频内容变得越来越平庸，缺乏创新和个性。观众也逐渐失去了对他的兴趣，他的粉丝数量停滞不前，甚至开始下滑。
>
> 然而，有一天，这位创作者突然意识到，他不能再这样继续下去了。他开始反思自己的创作理念，决定放下对他人看法的执着。他重新审视了自己的兴趣和擅长的领域，决定坚持自己的风格和想法。他开始创作那些真正让他感到兴奋和有热情的内容，不再过多地考虑观众的反应。
>
> 出乎意料的是，当这位创作者开始坚持自己的风格和想法时，他的视频内容变得更加独特和有趣。他的真诚和热情感染了观众，越来越多的人开始关注他，他的粉丝数量迅速增加。

过分在意他人的评价只会束缚我们的创造力和个性。当我们放下对他人看法的执着，坚持自己的风格和想法时，反而能够赢得更多人的喜爱和认可。只有真正忠于自己，才能在创作的道路上走得更远，才能真正打动观众的心。

我们必须正视一个事实：无论我们如何努力，总会有人误解我们，这是人生的常态。每个人的认知与理解都基于自己的经历与背景，因此，对于同一件事情，不同的人会有不同的看法与评价。我们无法控制他人的想法与观点，但可以选择如何面对这些差异与误解。

当我们意识到误解的不可避免性，并放下对他人的控制欲时，我们会发现，那些曾经困扰我们的"我不能让别人这么看我"的执念开始逐渐消散。相反，我们会开始以一种更加开放与包容的心态去理解与接纳他人的不同看法。这种认知的差异与碰撞，不仅不会让我们感到困扰，反而会成为我们成长与进步的契机。

正如《最愚蠢的一代》的作者马克·鲍尔莱茵在一次专访中所言："一个人成熟的标志之一，就是明白每天发生在自己身上的99%的事情对于别人而言根本毫无意义。"当我们真正理解并接受这一点时，便能以更加从容与自信的态度去面对来自他人的一切称赞、批评甚至是诋毁。

第三章
变强势所需培养的基本能力

在上一章，我们深入探讨了你为何在面对挑战时显得不够强势，分析了可能的原因和背后的动机。在这一章里，我们将深入探讨成为强势个体所需培养的七种基本能力。这些能力不仅是个人成长的关键，也是在职场和社会中脱颖而出的重要因素。希望你能够将这些能力融入到日常生活中，不断实践和应用，以实现自我提升和突破。

强势训练 1：
坚持自己意愿的能力

当听到别人表达个人喜好或观点时，许多人会不自觉地回应"我也觉得很好看"或"我也是这么认为的"，即便我们内心并不完全赞同对方的说法，仅仅是为了尽可能地与他人保持一致，避免自己显得格格不入。

有时候，我们可能太想成为"对"的一方，好让自己免遭批评或不被他人排斥，于是就隐藏了那些自己跟别人不一样的想法和特质，这样做久了，便越来越不会坚持自己的想法，甚至忘记了最初的想法，变得越来越不起眼，越来越不被人重视。因此，要成为一个强势的人，首先要做到坚定自己的立场。

但是，坚持自我并不是一件容易的事情，我们需要清楚地了解自己的感受、需求和愿望，如此才能支配自己的心理和行为，坚守自己的想法。

心理学上有一个与坚持自我密切相关的概念——"自我分

化"。这一概念决定了一个人能否拥有清晰的自我感,以及是否能在外界压力下依然坚持自己的意愿。自我分化由家庭系统治疗的奠基者莫瑞·鲍文提出,它指的是一种能够分辨和管理个人情绪与理智,并将自我独立于他人之外的能力。

自我分化是坚持自我、管理情绪与理智、处理人际关系的重要能力,通过提升这一能力,人们可以更好地了解自己,做出更明智的决定,并在关系中保持清晰的自我感。

自我分化包括两个层面:个体内心的分化和外部人际的分化。前者涉及分辨理智过程和感受过程,后者则是将自我从他人那里分化出来。有些人之所以无法坚持己见,容易在做出决定后反复改变,可能是因为他们在作决定时总是被当下的情绪和感受所左右。

因此,要坚持自我,首先需要区分哪些是一时的情绪冲动,哪些是自己深思熟虑的结果。这正是自我分化所强调的。例如,当自我分化水平较低的人被问到在一段亲密关系中的感受时,他们可能会说:"他对我挺好,我们条件也很匹配。"这种回答混淆了感受和思维。而自我分化水平较高的人可能会说:"我们性格很合适,但我在这段关系中不快乐,因为感觉不到心动。"他们能够清晰地区分自己的感受和思考。

自我分化水平高的人还具有选择在特定时刻受理智还是情绪支配的能力。相反,自我分化水平低的人则常常被情绪左右,做出不理智的决定。此外,他们也可能在应该尽情释放情绪时，被理智所困，显得过于瞻前顾后。

鲍文指出，分化更加完全的人在任何关系中都能坚守住一个"我"的位置。他们能在关系中保持清晰的自我感，明确自己的立场、感受和看法，不会因为他人而失去自我。这要求人们在面对来自他人的压力时依然能坚持自我。

而分化不足的人，由于没有坚定的"我"的位置，导致他们在为自己做选择时受到他人的极大影响。例如，在判断要不要和一个人在一起时，他们可能会因为家人或朋友的看法而做出决定，而非基于自己的感受。在选择职业时，他们也可能因为父亲的坚持而认为自己会喜欢某个职业，即便事实并非如此。

如果你面临着这样的问题，那么你的首要任务就是清晰且有条理地试着重新找回属于自己的感受。这一过程不仅有助于你更好地了解自己，还能促进你与他人之间更为和谐的关系。

在与家人或伴侣的日常相处中，培养一种自我反思的习惯至关重要。当你感受到某种情绪时，不妨在内心深处提出这样的疑问："这是他的感受，还是我的感受在作祟？"通过这样的质疑，你能更清晰地分辨出哪些情感是属于自己的，哪些是受到了他人的影响。

为了更高效地找回自己的感受，要学会具体化自己的情感体验。避免使用诸如"我感觉不好"或"我觉得不舒服"这样笼统的描述，而是应该努力地去体会和分辨那些具体的情感词汇，如内疚、失望、尴尬等。同时，尝试将这些情感与过去某个具体的情境联系起来，回想一下你曾在何时何地体验过类似的情感。这样的过程不仅能帮助你更准确地识别自己的感受，还能让你更深刻地理解这些感受的来源和含义。

在识别了自己的感受之后，接下来的步骤是用心不断地练习分辨这些情感。通过持续的练习，你将能够更加熟练地掌握这种技能，从而与自己的感觉达成更好的关系。这种关系将使你更加自信地面对自己的情感世界，同时也更加理解和尊重他人的情感体验。

在能够区分自己和他人感受的同时，你还需要学会辨别自己的情感与理智之间的界限。情感是我们内心最真实的反应和体验，而理智则是我们用来分析和处理这些情感的工具。通过平衡好情感和理智之间的关系，你将能够做出更加明智和合理的决策，从而在生活中取得更好的成果。

情感可以是微妙的，也可以是强烈的，但它们通常都是难以抑制的下意识的感受，尤其是在争论、辩论或是情绪激烈的情境中时。你要问自己，现在是自己的情绪在起作用，还是理智在起作用？

举个例子，当你周围的人都认为你和伴侣不相配，你也清楚地意识到你们性格、爱好上的差异，可是你就是会在想到他时忍不住嘴角上扬，希望和他在一起的每分钟都变成两倍那么长，心中感到快乐、满足、幸福，这就是你的感受。而理智则是客观的，需要经过思考与分析，同时也是有据可查的。它不像自然发生的，有时甚至是侵入式的情绪和感受。理智思考更多的是一种人们主动选择的状态。当你纠结是否要和伴侣分手时，你会权衡他的优点和缺点，这就更像是一种基于理性而非感情的判断。

你可以回顾一下自己过去所做的一些决定和选择，看看自己更多忠于情感还是理智，以及它们分别给你带来了怎样的结果和后续体验。此时，坚持自我的含义也会变得更加明确，你会更清楚在什么时候、什么场合，你想坚持的是哪一面的自我，感性的还是理性的。不过，需要明白的一点是，感性与理性同样重要，没有优劣之分，他们在不同的情景中发挥着各自的功能。

再比如，当你已经意识到自己与原生家庭之间边界过于模糊，就是时候主动建立起更加明确的边界了。首先，你要谨记，即使是父母也无权干涉你的个人决定与选择，他们在试图这样做时，你要坚定地表达出自己的感受和意愿。你的人生应该以你的意志为主导，而不是父母。

当家庭成员之间出现矛盾，试图将你牵扯其中，或是一方想要拉你站队时，你要保持清醒，告诉他们这是他们之间的矛盾，你的过度卷入绝不是有效长久的解决之道。你可以给出你的建议，但你不能替代他们决定。虽然一开始会有些困难，甚至有可能会受到家人的责难。但如果你因此对于建立个人边界感到焦虑或者愧疚，要记住，完成与原生家庭之间的分化，才是拥有独立人格的第一步，而这正是坚持自我最重要的前提。

我们都渴望与人建立连接，渴望归属感，期盼被接纳，但同时，我们也应该坚持自我。避免在无形中过度干涉他人，或是承担他人的情绪负担。正如一句话所说，你中有我，我中有你，而你是你，我是我，这大概才是一段关系最好的模样。

强势训练 2：掌控方向的能力

坚信自己拥有对人生的掌控权，这一信念无疑是成为强势者的关键要素。这种关于个人是否掌握人生控制权的信念，在心理学领域有一个特定的术语，称为"控制点"。

控制点理论最初是由美国社会学习理论家朱利安·罗特提出来的。他发现，不同个体对自己生活中各种事件的导致原因有不同的解释。对有些人来说，他们认为结果和自己的行为有关，因为他们相信自己是可以通过掌控自己的行为对事情的发展和结果进行控制的，也会因此懂得为自己的人生负责。对另外一些人来说，他们会认为自己生活中多数事情的结果是由一些自己无法控制的外部力量所决定的，比如说社会的安排、命运、机遇等。他们并不认为自己拥有任何掌控权，所以他们会倾向于放弃对自己生活的责任。罗特把前者称为内控者，后者称为外控者。

研究表明，相信自己有掌控权，对于人们的幸福和成功具有重要的积极影响。这是因为关于掌控权的不同信念，会使得人拥有全然不同的态度与行为。

内控者会在生活中更加积极和主动，他们相信自己能发挥作用，会以富有成效的方式去塑造自己的人生。在困难和问题面前，内控者不会那么容易放弃，而是会问自己，我怎样才能解决问题？还有什么别的选择？然后努力寻找突破困境的办法。此外，他们还拥有更强的延迟满足感的能力，并且能够更好地应对日常生活中的压力。

外控者则恰恰相反，他们会相对比较消极，因为他们看不到个人努力与行为结果之间的积极关系。所以，他们通常会倾向于以一种无助、被动的方式面对生活。面对失败和困难，他们很少会去思考接下来要怎么办，然后尝试去寻找解决问题的办法，而是会习惯性地推卸责任和抱怨，认为这是他人或者某些外部客观原因所导致的。

当然，在现实生活中，很少会有人是绝对的内控者，或者绝对的外控者。大部分人，都是在两者中间，要么偏向于内控者，以积极思维为主导，要么偏向于外控者，以消极思维为主导。

如果你发现自己目前偏向于外控，那要如何将自己转化成内控者呢？

> 麦克斯是一位来自北欧的连续创业者,他曾经成功创办过好几家互联网公司。其中一家,已经是全球最大的互联网数据分析公司之一。
>
> 有一次接受记者采访时,麦克斯坦率地向记者透露,如果早些年认识他,肯定无法想象他会有今天的成就。那时,他的生活状况可谓是一团乱麻——婚姻破裂,事业无成,对未来一片迷茫。
>
> 记者问他,是什么改变了他。他说,那个时候,他恰巧读到了史蒂芬·柯维的《高效能人士的7个习惯》。这本书让他突然意识到,他现在的生活如此糟糕,完全是自己的责任,因为他是有能力改变这一切的。这是他之前从来没有想过的,那一刻,他决定要为自己的人生负起责任,他要追求不一样的人生。从那以后,他就变得十分积极,并成功地抓住了互联网的创业浪潮,成为第一批先锋者。

麦克斯的转变得益于史蒂芬·柯维的《高效能人士的7个习惯》中的积极主动的原则。积极主动,不仅指做事的态度,还意味着人一定要为自己的人生负责。一个人的行为应该取决于自身的主动选择,而不是外在环境。也就是说,不管外在条件是怎样,或者发生了什么,我们都能够意识到自己有选择如何回应的自由。我们不能把自己的行为归咎于环境、外界条件或他人的影响，而应根据自己的意愿、自己的价值观，有意识地选择对外界的回应方式。

与积极主动相对的是消极被动。消极被动者最明显的特征是倾向于抱怨和寻找借口以逃避责任。例如，他们常常会抱怨：为什么事情会这样发展？为什么没有按照另一种方式发生？为什么不幸总是降临在我身上？为什么命运要如此对待我？他们还经常以这种方式来推卸责任：这不是我的错，我无能为力。为何这些人倾向于习惯性地选择消极抱怨而非积极应对呢？一个关键原因在于他们混淆了过错与责任的概念。

在他们看来，责任与过错应该是对应的，责任必须由过错方来承担。所以，只要他们认为此时糟糕的现状不是自己的错，与自己的选择无关，是别人或者社会造成的，他们就会在潜意识中拒绝承担责任。和我们自己的行为选择无关。

人生中很多事情都由不得我们控制，很多不好的结果也不是我们自身的过错而导致的。但是，有些事情却是我们100%可以控制的，比如如何去解释和看待这些事情，接下来要如何选择和行动等。

所以，当麦克斯说要为自己的人生负责时，他并不是说要把过去发生的一切都怪罪在自己身上，而是要我们意识到，过去发生了什么以及是谁导致了这一切已经不再重要了，真正重要的是我们此时要怎么选择，因为此时的选择和接下来的行动才是我们改变自己命运的唯一机会。所以，想要找到人生的掌控感，想要成为一个内控者，那么你首先要做到的就是要意识到自己的人生只能由自己负责，遇到了问题和困难就积极去面对，而不是选择逃避或者抱怨。你可以向他人请教和学习，但绝不要依赖他人帮助你解决问题。总结来说就是一句话：积极主动，不逃避，不抱怨。

除了懂得要为自己的人生负责之外，还有一点很重要，那就是要把关注点放在自己可以控制的事情上。从本质上来说，我们生活中的所有痛苦，都是源于无法实现的控制欲——我们总是想要去控制那些自己控制不了的事情，比方说已经发生的事情，未来不知道会不会发生的事情，或者他人的看法等，却不懂得把注意力放在那些自己可以改变和控制的事情上，以此让自己的生活变得更好。

如果你总是把自己的关注点放在那些自己根本控制不了的事情上，那么你自然就会因为控制不了而失去掌控感。

现在新的问题又来了：我们如何区分哪些事情在我们的掌控之中，哪些又超出了我们的控制范围？

坦白讲，在这个纷繁复杂的世界里，我们真正能够掌握的事物寥寥无几。我们无法左右他人的行为、态度和思维，也无法确保任何结果的出现。即便是我们自己的情绪，也往往难以直接操控，因为情绪并不总是受我们意识的支配。

那么，我们到底能掌控什么呢？这个世界上，我们真正可以掌控的东西,其实全部都在我们自己的脑子里,那就是我们的信念、看法以及注意力。

信念就是我们选择相信什么,不相信什么;看法就是我们如何看待和解读身边发生的事情;注意力则是我们选择关注什么,不关注什么。你可千万别小看它们的力量,因为通过它们,我们其实能够改变很多东西。

虽然我们无法直接掌控自己的情绪,但是我们可以通过调节自己的信念和看法,改变注意力的焦点来调节自己的情绪和状态。通过调节情绪和状态,我们就能够改变自己的行为。通过改变我们的行为,我们就能间接地影响甚至改变最后的结果,也能改变他人对我们的看法和态度。

美国畅销书作家戴维·布鲁克斯在他的《社会动物》一书当中提到,我们正生活在一个意识变革的时代。在过去几年,各领域的专家在研究人类成功的内在动机方面,一个核心发现就是,影响人们活动最主要的因素并不是意识层面的思维,而是潜意识层面的思维。也就是说,意识并不是日常生活的核心。

我们的许多行为和决策实际上受到我们几乎无法察觉的力量——潜意识的操控。让我们通过一个例子来探讨这一点。当你正在阅读一本具有一定难度的书籍时,大约半小时过去了,你发现自己仍然无法掌握其要领,无法充分理解内容。这时,你的内心可能会响起这样的声音:"这太难了,我太笨了,我永远也不可能理解这本书。"随之而来的可能是沮丧和绝望感,这些情绪进一步削弱了你的阅读动力，最终导致你放弃阅读。

其实，引发这些情绪和行为的，并非书籍本身晦涩难懂，而是你内心深处那个"我永远也不可能理解这本书"的念头。实际上，这个念头源于你对阅读半小时却仍未领悟其意的挫败感。设想一下，如果有人向你透露，他在初次阅读这本书时也遭遇了同样的困难，因为这本书确实难以理解，加上翻译质量欠佳，他也是经过反复阅读才最终领会其精髓的。这时，你的感受是否会有所不同呢？

你肯定不会再认为是自己太笨了，自己永远都搞不懂这本书。而你的行为也会发生相应的改变。即使第一遍读不太懂，你也不会选择放弃，而是会反复阅读，直到自己理解了为止。

我们总是觉得自己的情绪是由外部事件所引起的，但实际上情境本身并不直接决定感受和行为。我们会产生怎样的感受，很大程度上取决于我们如何解释这一情境。

也就是说，情绪和行为都与我们对情境的理解和想法有关。不同的理解会带来不同的情绪和行为。我们对情境的理解和想法都是一些快速的评价思维，这些思维叫作自动思维。它们不是深思熟虑或者理性推理的结果。更准确地说，这些思维似乎是立即自动涌现的，通常迅速而简短。

所谓的认知模式，指的就是这个自动思维产生的过程。它是我们组织和加工我们眼中的世界的方式。这个认知加工过程，都是发生在潜意识层面，很难被觉察到的，我们更可能觉察到的是随之而来的情绪和行为反应。即使注意到了这些思维，也很可能不加批判地接受，认为它们是正确的，你甚至不会想到要质疑。

如何培养我们的认知模式，其中很重要的一种训练就是信念提升。我们的大脑里面充满了神经元细胞，每当我们形成一个新的想法的时候，就会有神经元细胞形成新的神经通路，这也就是为什么我们会容易接受一个熟悉的观点，但却对一个陌生的观点感到很抗拒。

举个例子，如果一个人从小就生活在一个贫穷的环境里面，他接触到的人也都是和他相似的情况，他便缺乏接触和学习到关于财富知识的机会，在他长大以后，他就会对财富的概念比较陌生，在这种情况下，如果要他相信未来他可以成为一个千万富翁，这是非常困难的，那这种情况就没有办法改变了吗？那也不见得。

自古以来，许多人凭借自己的力量改变了命运。他们都有一个共同点：在改变发生之前，他们都坚信自己能够改变命运，变得富有。因此，根据底层逻辑，为了让我们的潜意识相信自己在未来能够变得富有，首要任务是尽可能地增强大脑中与财富相关的神经元细胞之间的神经通路。我们的潜意识无法区分真实画面和构想画面，因此我们可以通过在大脑中构想自己变得富有的画面，来增加神经元的通路。

说得通俗一点，就是我们可以做一做白日梦，假设你现在拥有了1000万元，你打算如何支配这笔钱呢？你将会选择居住在何处？你打算穿着怎样的服饰？你每日的饮食会是怎样的？你又会结交哪些类型的朋友呢？这些都可以成为你想象的内容。此外，多听听、多看看那些能激发财富感的音频、视频，也不失为一种良策。

在我们的成长历程中，或多或少都会结识一些富裕的朋友，不妨主动与他们保持联系，观察并学习他们对待财富的态度和生活方式。这样做的目的，是让自己更多地浸润在与财富相关的环境中，促使大脑建立更多与财富紧密相连的"思维桥梁"，从而让财富不再是一个遥远而陌生的概念。

以此类推，无论你追求的是何种目标，都可以借鉴这一方法，为自己营造一个充满目标导向的信息环境。在这样的环境中，你将更容易培养出对目标的坚定信念，以及自己掌控方向的能力。

强势训练3：打破舒适区的能力

我们往往渴望并习惯于过着一种规律的生活：早上8点吃早餐，中午12点吃午餐，晚上6点吃晚餐，准时上班下班。下班后，我们可能会选择和伴侣或者朋友去电影院看一场电影，或者回家玩一把游戏。每周末，我们或许会和伴侣出去吃个饭，或者去某个景点游玩。

如果你一直沉浸在这样的生活模式中，你可能会逐渐习惯并陷入舒适区。你会不断告诉自己，大家都这样生活，我为什么要去折腾自己呢？但长时间处于舒适区，其实是一种非成长状态。

如果你一直停留在这种没有挑战和压力的状态中，你可能会享受到一种短暂的舒适感和快感。这种状态是极具诱惑力的，它可能会让你深陷其中，无法自拔。最终，随着岁月的流逝，你可能会发现自己从一个充满激情的青年，逐渐变成一个对生活百无聊赖的老人，而在心智上，你仍然是一个停滞不前的人。简单来说，你的认知可能一直处于一种停滞状态，你认识世界的方式可能早在青少年时期就已经形成，并在接下来的几十年里一直沿用这一认知模式，没有得到更新和发展。

我们必须清楚一个事实，就是生活中假如缺乏压力和激励，我们很快就会陷入生理退化、精神空虚、思维衰退的境地。哲学家叔本华在《人生的智慧》中说过，大多数人，甚至一切人，不论置身于何种状态，都难以得到真正的幸福。如果摆脱了穷困、痛苦、苦恼，随即就陷入倦怠无聊，如果为了预防倦怠，则势必陷入痛苦，两者交互出现。

有一个概念叫作熵，它的物理意义是体系混乱程度的度量。在孤立系统中，体系与环境没有能量交换，体系总是自发地向混乱度增大的方向变化，总使整个系统的熵值增大，这就是熵增原理。整个宇宙可以看作一个孤立系统，是朝着熵增加的方向演变的。

我们可以通过日常生活中的例子来理解熵增与熵减。假设你有一个房间，里面堆满了各种杂物，书籍、衣物、玩具等散落一地。此时，房间的状态是无序的，熵值较高。当你开始整理房间，把书籍放回书架，衣物叠好放入衣柜，玩具收进玩具箱后，房间变得整洁有序。但在这个过程中，如果你中途停下来，不再继续整理，房间可能会恢复到之前杂乱无章的状态（尽管可能不如之前那么乱），这就是一个熵增的过程。因为即使你做了部分整理，但如果没有完全完成，房间的整体无序程度还是在增加。而当你最终完成了整理工作，房间变得整洁有序时，所有物品都归位了。此时，房间的无序程度大大降低，熵值减小。

假如我们不主动输入能量去维护这个世界上的万事万物，它们就会趋于混乱和无序，瓦解和消亡。我们的身体、认知和技能，如果缺乏外界能量的滋养，也会处于混乱的状态，产生焦虑、认知不足等现象。这也解释了为何人们在连续工作一段时间后，会渴望外出旅行以寻求心灵的释放；而长时间脱离工作，即便经济无忧，内心却可能因缺乏目标与挑战而倍感焦虑。

我们的内心世界需要从外部汲取能量以维持平衡。在这个世界上，不存在一成不变的舒适区；一旦停止吸收新的能量，舒适区就会逐渐消散。人性本质上是充满需求的。一个人的健康状态应当包含适度的压力，但这种压力不应造成巨大的困扰。如果你经常感到精力不足，甚至出现身心不适，那么你应当主动寻求一些挑战，以突破现有的舒适圈。

　　从成长的角度看，压力没有好坏之分，只有轻重之分。适度的压力是我们保持活力的重要基石。

困难区
拉伸区
舒适区

最佳压力点

　　那么，如何寻找到适合自己的最佳压力点呢？处在最里面的是舒适区，在这个区域，你可能会因缺乏挑战而感到无聊，偶尔也会感到焦虑，但这种焦虑通常会被舒适感所抵消。位于中间的是拉伸区，而最佳的压力点就位于舒适区的边缘，恰好触及拉伸区。最外围的是困难区，当你在困难区尝试学习时，可能会产生恐惧感和逃避的倾向。我们成长和进步最快的区域是在拉伸区。过于困难或过于舒适的区域都不利于我们的成长。现在你或许明白了，为什么每年的计划总是难以完成。

　　对于这样长期处于舒适区的人来说，突然从一种状态过渡到另一种状态无疑颇具挑战，因为缺少了逐步适应的过程。有效的解决策略是采取小步快跑的方法，遵循"慢即是快"和长期主义的原则。例如，如果你之前没有养成阅读的习惯，不妨为自己设定一个微小的目标：每月阅读一本书，这样一年下来就能完成12本书的阅读。

由于长时间安逸于舒适区内，若骤然间给自己加载过多目标，可能会让计划变得难以执行。健康的生活往往需要我们保持在舒适区的边缘地带，既不完全安逸也不过于紧张。生活中适量的小压力、小约束以及小焦虑，或许正是我们成长的催化剂。它们能够刺激我们的警觉性，防止我们因过于安逸而停滞不前，反而推动我们不断超越自我，变得更加坚韧和出色。

每个人都有自己的局限和不足，但是只有不断地学习和成长，才能拓展自己的能力、开阔自己的视野，跟上时代的步伐。那么，该如何提升自己，走出舒适区，实现个人成长呢？

第一，我们需要明确自己的目标和方向，制订一个切实可行的计划。 目标可以是短期的，也可以是长期的，但必须具体、明确，能够量化。例如，如果你希望提高自己的英语水平，可以设定每天学习一小时英语的目标，并跟踪自己的进度。

第二，要不断学习和更新自己的知识和技能。 随着社会发展和技术革新，很多知识和技能已经成为时代的必备，因此要想在职场和生活中有所作为，就必须不断学习和更新自己的知识和技能，不断提高自己的竞争力和适应能力。

第三，要正视自己的短板和薄弱环节，并有针对性地加以改进和补充。每个人都有自己的短板和不足之处，但是如果不去正视和改进，就会让这些问题成为内心的包袱和负担，因此，要想真正提升自己，就需要针对自己的短板和不足，找到缺失的技能和知识，不断进行提高和纠正。

第四，还要保持积极向上的心态和态度。在成长的路上，成功和挫折是避免不了的，但是只要保持积极乐观的心态和态度，就能不惧困难和挑战，不断推动自己成长和发展。

强势训练 4：自我肯定的能力

在日常生活中，我们时常会遇到一些不顺心的时刻，从而产生诸如"今天怎么这么倒霉""最近怎么什么事都没有办成""我好像没什么能力"等想法，这些时不时闪现的念头，实际上都是自我肯定感低下的具体表现。

自我肯定感，即我们对自己能力的信心和认可，是个人心理健康的重要组成部分。当这种感觉降低时，我们可能会对自己的价值和能力产生怀疑，遇事总往坏处想。这其实都是虚假的自我感觉所导致的，它来源于我们对自己不清晰的认知，也来源于不成体系的思维方式，不相信自己，总是否定和怀疑，久而久之甚至出现心理魔障，从而影响到我们的日常生活和工作表现。

心理学家威廉·詹姆斯说:"人类最深刻的需求之一就是被欣赏。"通过自我肯定,个体能够更好地认识到自己的价值,从而在心理上获得满足感和幸福感。此外,自我肯定还能帮助个体在面对困难和挫折时保持积极态度,这对于维护心理健康至关重要。

自我肯定的第一步,是正确对待负面评价。

在这个世界上,我们会遇到形形色色的人,他们给予我们各种各样的评价。有些评价是正面的,听到后我们心花怒放;而有些评价则是负面的,让我们难以接受,甚至陷入自我怀疑的旋涡。

对于这些负面评价,我们难道就选择视而不见吗?其实不然。负面评价虽然不中听,但就像良药一样,苦口却利于病。负面评价恰恰是激励我们的动力,我们可以在恶评中找到努力的方向。

例如,一个学生的同学对他说:"你成绩那么差,我才不和你玩。"我们从这句话中可以得到两个信息点:第一,对方更倾向于与成绩好的同学交往;第二,对方对于朋友的界定标准比较狭隘,只看重成绩。那么,我们此刻找到的努力方向是:首先,分析自己成绩不好的原因,找对学习方法,提高成绩;其次,思考这样的朋友是否值得交往。

在面对他人的负面评价时,我们不应该接受对方负面的心理暗示,而应选择冷静思考,觉察自己的内心,从他人的负面评价中找到有价值的内容来完善、激励自己，进行自我肯定。

自我肯定的第二步，是自我接纳。

曾经有位朋友向我倾诉："我觉得自己成绩平平，外貌也不出众，似乎没有人会喜欢我。"我当时的内心反应是：这么可爱的女孩子，怎么会有这么低的自我评价呢？

在这个信息化时代，我们从一开始就拥有许多机会去接触网络，但也不可避免地受到网络审美的影响，往往认为"网红脸"才是美的标准。因此，当我们的外表不符合这一标准时，就容易产生自卑感，认为自己不受欢迎。但我们不妨自问，我们的"颜值"真的完全取决于他人的评判标准吗？

美国心理学家埃利斯提出过"情绪ABC理论"。A是指个体遇到的主要事实、行为事件；B指个体对A的信念、观点；C是指事件造成的情绪结果。通常人们会认为诱发事件A直接导致了人的行为结果C，发生了什么事就引起了什么样的情绪体验。然而，我们仔细观察就会发现，同样一件事，发生在不同的人身上会引起不同的情绪体验。

比如，同样是考试考砸了，一个同学冷静分析后吸取教训，另一个同学则自怨自艾，抱怨自己太笨了。这是为什么？

这是因为，有的人忽略了诱发事件A与情绪行为结果C之间，还有一个对诱发事件A的看法——B在起作用。第一个同学可能认为这次考试只是检测自己的学习成果，考不好也没有关系，吸取教训并积极改进后，还有进步的机会。而第二个同学则认为考试失败的原因是自己还不够聪明，努力也不会有什么用，因此一蹶不振。于是不同的 B 带来的 C，大相径庭，就好比有人认为网红脸更受欢迎，就直接从 A 跳到了 C，而不经过深度思考。实际上，事件 A 只是触发行为和情绪 C 的间接因素，更为关键的是我们对事件本身的认知和态度 B。

情绪 ABC 理论表明，我们能够通过调整和改变对事物的认知与看法，有效地改善和管理我们的情绪。也就是说，虽然我们无法回避生活中不可避免的压力和挑战，但我们有能力转变对这些"刺激性事件"的态度。通过调整我们的认知方式，我们能够减轻面对压力时的焦虑，并增强自身的抗压能力。

快速调整我们的认知方式，就要学会接纳。接纳自己，接纳他人，接纳现实生活给我们的一切。

> 小张是一位勤奋且富有激情的年轻人，他一直梦想着能进入一家知名科技公司工作。为此，他精心准备了一份简历，并投入了大量的时间和精力来准备面试。他反复练习自我介绍、技术问答和案例分析，希望能在面试中展现出自己的最佳状态。
>
> 终于，小张得到了这家科技公司的面试邀请。他满怀期待地参加了面试，但在面试过程中，由于紧张和对某些问题的理解不够深入，他的表现并不如预期般出色。

> 面试官对他的回答提出了一些质疑，并指出了他在某些方面的不足。
>
> 面试结束后，小张感到心情沉重，他觉得自己在面试中表现得糟糕透顶，完全失去了被录用的机会。他开始自责，认为面试官并没有认可自己，这让他感到十分沮丧和失落。

事实上，小张犯了一个错误，就是他无法接受面试官对他的不认可，也无法正视自己在面试中暴露出的不足。想快速调整我们的认知方式，就要学会接纳，正如小张需要做的那样——无条件地接纳自己，包括自己的不完美和失败。

我们必须做到无条件地接受他人，因为我们没有权力强求他人完全按照我们的意愿行事。我们无法生活在一个总是"心想事成"的世界，生活中不可避免地会遇到许多不如意的事情，我们必须重塑信念学会无条件地接受这个现实。

接纳意味着拥抱那些我们害怕正视的事物。为此，我们必须培养内在的勇气，勇于直面自身的缺陷，以及勇于接受他人负面的评价和观点。重塑信念，即转变头脑中根深蒂固的"我必须……才足够好，才有价值"的思维模式，将其转变为无论自己处于何种状态，都坚信自己具有价值。只有这样，我们才能摆脱持续的自我防御状态，不再生活在对自我价值丧失的恐惧之中，不再总是渴望通过外界的认可或"社会成功"来确认自我价值，从而获得自我价值感。

成长的目的不是去掉和压抑自己的本性和特质，而是认可它们，认可它们是我们的一部分，然后运用它们释放天性。人的特质，让每个人成为与众不同的个体，成为独一无二的存在，也让这个世界多姿多彩。

自我肯定的第三步，是找到自己的长处。

心理学家马丁·塞利格曼提出的"优势理论"强调，了解并发挥个人优势，比试图弥补弱点更能带来幸福感和成就感。

我们每个人都有着可能自己没有注意到的长处，比如有的人受汽修厂工作的父母影响，对同龄人都不了解的汽车工作原理了如指掌；不善交际的人，可能有异于常人的绘画天赋等。

实际上，每个人都有自己独一无二的特质，不同的特质在不同的情境下表现也有差异，尝试将你不喜欢的特质表现列下来，找出它们的长处。记住，随着情境的变化，有些问题可能不再是问题，反而是优点。比如你不喜欢自己有攻击性，但如果成为一名律师，有攻击性可能就会是一种优势；如果你不喜欢自己太过注重细节，可一旦踏入审计领域，这份特质便可能让你无往不利。当我们把自己不能改变的特质带入ABC情绪理论，去寻找适合自己特质的场景时，往往就能找到真正的自我。

> 19世纪，一个男孩出生在一个贫穷的犹太家庭，性格内向、懦弱且敏感多虑，总是感觉周围环境对他构成压迫和威胁。这种性格特质使他在成长过程中遭遇了诸多困扰，他的父亲更因他缺乏所谓的"男子汉气概"而采取了严厉且粗暴的教育方式，而这反而加剧了他的懦弱与自卑。长大后，尽管父亲一心期望他能成为一名律师，但他懦弱自卑的性格却让这一愿望化为泡影。
>
> 然而，这个男孩后来找到了与自己性格相契合的职业道路。他意识到自己内心世界的丰富，能够敏锐感知到许多他人难以察觉的情感与细节，于是毅然选择了文学创作。在这个由他自己构筑的艺术殿堂里，他的敏感、脆弱与悲观，反而成为他深刻洞察人生、世界与命运的独特视角。他以自己在生活中所经历的苦闷与压抑为素材，开创了文学史上独树一帜的意识流派。
>
> 这个男孩，就是著名作家弗兰兹·卡夫卡。

发现自身的优势有多种途径，<u>一方面，可以通过自我探索</u>。通过审视自己的经历、思考和感受来挖掘潜在的优势。例如，你可以定期写成功日记，形式与日常日记相似，但内容专注于记录一段时间内你所取得的成就，无论是学习、工作还是生活方面的，只要这些成就让你感到自豪。随着时间的推移，当你回顾这些成功的瞬间时，你会意识到自己并非毫无优点，而是拥有许多潜在的优势。

另一方面，可以向外寻找。所谓向外寻找，就是指与外部世界的交流，通过别人的反馈找到自己的优势。

美国著名社会心理学家约瑟夫·勒夫特和哈林顿·英格拉姆提出过一个约哈里窗户理论，这个理论将人的自我认知比作一扇窗户，分为开放、盲目、隐秘和未知四个区域。这个理论向我们揭示了一个关于自我认知的有趣现象：我们对自己的了解并不像自己以为的那么全面，每个人在自我认知上都存在盲区，而这些盲区对于旁观者来说却可能是显而易见的。因此，在向内探索自我的同时，我们也可以向身边的旁观者，如同学、家人、朋友等寻求帮助。通过他们的视角来观察我们自身的优势，并将这些外部反馈收集起来，我们会发现其中一些评价出现的频率特别高。这些高频评价往往代表了别人眼中的我们的优势，而这些优势也很可能就是我们真正的长处所在。

借助约哈里窗户理论，我们可以更加全面地认识自己，更准确地发现自己的优势，并以此为基础，促进个人的成长和发展。同时，保持自我肯定的态度，也是我们在面对挑战和困难时能够坚持不懈、勇往直前的关键所在。

培养自我肯定能力，关键在于将自己视为一个独立且自力更生的个体。这意味着从现在开始，你将全权负责所有发生在自己身上的事情。如果你对自己的现状感到不满，那么你需要采取措施去改变或改善它。同时，要不断给自己积极的心理暗示，坚信自己拥有改变现状的能力。

这是一个良性循环的过程，从内心深处不断给予自己积极的暗示和评价。随着这种积极态度的持续，周围的一切也会逐渐变得明朗；环境变得越来越顺遂，你的状态也会随之越来越好。如此循环往复，在不断的自我迭代中，我们便不会再否定自己。

强势训练 5：克服恐惧的能力

每个人都会有感到恐惧的时候，可能是需要当众演讲的时候，可能是飞机起落的时候，也可能是突然发现了一只虫子或者遇到凶猛的动物的时候。人生到处充满压力和危机，还有激烈的竞争、防不胜防的陷阱，常常让我们感到茫然无措，畏首畏尾。

在心理学研究中，恐惧其实是一种很基础且很普遍的情绪，它无法避免，但又十分必要。恐惧像是一个报警系统，有了它，我们的祖先才能在危机四伏的原始丛林中存活下来。可以说，恐惧是人类遗产的一部分，它能帮助我们提高生存概率。但它也可能会失控，如果我们无法调节自己的恐惧，就有可能会患上恐惧症。

有数据表明，成年人中有近一半都经历过过度恐惧，遭受过度恐惧的人群中又有四分之一左右的人受到恐惧症的困扰。

我们每个人都有恐惧情绪，虽然我们无法控制恐惧的出现，但我们可以对它进行调节。多数人都能够调节好恐惧，当危险消失的时候，恐惧也会消失，但有些人的这种调节功能出现了异常，他的恐惧情绪演化成了病理性的恐惧，成为一种疾病——恐惧症。

正常恐惧属于情绪范畴，它是由客观危险情况引发的，强度有限，基本可控，对生活仅有轻微影响，并且在重复接触令其恐惧的事。恐惧症则属于疾病范畴，哪怕没有客观危险的情况，也能引发恐惧。恐惧强度可能会导致惊恐发作，伴有严重的回避行为，并对生活造成了极大影响，哪怕是在重复接触后，恐惧强度也不会下降。

其实，哪怕对于没有恐惧症的人来说，我们在生活中也偶尔会有害怕的东西和感到恐惧的时刻。因此，学会克服恐惧对每个人来说都有意义。

《面对的勇气》一书的作者克里斯托夫·安德烈提出，目前有两种疗法是被证明有效的，分别是药物疗法和认知行为疗法，其中认知行为疗法是近10年内恐惧症初次治疗最为推荐的疗法。认知行为疗法的重点不是找出恐惧的根源和回忆痛苦的过去，而是症状和环境的适应练习，帮助恐惧者独自面对恐惧，获得自主能力。主要技术包括暴露治疗和认知重建，还有放松呼吸控制等。

以社交恐惧为例,社交恐惧症者需要做一些认知练习。对于他们来说,治疗社交恐惧的一个关键是接受自己最真实的样子,改变自己一些认知上的误区。社恐患者往往会非常在意并且经常误读别人对自身的看法。他们在社交时通常会对自己产生负面想法,觉得自己看起来很傻,担心自己是不是说错了话等。但是要知道,不是所有人都有时间去评价你,也不是所有人都会对你指指点点。社恐患者要在这些想法冒出来时学会识别,并且及时打住。当你识别出自己的恐惧时,要学会分析它,试着转换自己的思维模式,停止没必要的揣测。

比如说,有的人害怕去聚餐,会担心自己无法非常轻松自然地和人聊天,担心他人用异样的眼光看自己。但你其实有权不说话,聚餐只是一个社交仪式罢了。像这种思维模式的转换练习非常重要。在会议上发言、去商店里购物等让你感到恐惧的场景,都可以通过转换思维,用更加积极的方式去重新看待。

除了认知练习之外,克服社交恐惧还需要一些真实场景的练习。暴露练习是一种常见的方法,其中场景暴露练习最为经典。

比如,社交恐惧者最害怕的场景之一是公开演讲,那就可以多把自己暴露在像这样的多人环境中,进行公开演讲,反复面对这种恐惧,就会越来越习惯。

另外一个方法是内在感受暴露。内在感受是指恐惧症患者害怕的身体感受，也就是那种不舒服的、焦虑的感受。在心理治疗中，治疗师会故意制造这种不适感，比如让患者大步走上楼梯，从而加快心跳；坐在椅子上转几圈达到头晕的效果，并在一边引导患者进行练习，学会在不焦虑的情况下忍受这种不适感。暴露练习能够让患者循序渐进地面对恐惧。

这种疗法需要遵循一些守则，首先，暴露时间要长，一般要超过45分钟；其次，暴露要全面，尽量避免任何轻微的回避行为；暴露还需要重复，进行一次暴露练习是远远不够的，必须重复进行练习才能逐渐改造自己的大脑突触，让自己的情绪脑逐渐相信危险并不存在。

最重要的是，暴露练习要循序渐进。对于社交恐惧患者来说，可以列出10种让自己感到恐惧的场合，并且按照焦虑程度进行排序，从低到高进行暴露练习，逐渐克服所有会引发焦虑的场合。比如第一个目标可能就是向路上的行人问路，第二个目标可能是走进一个商店，和一个陌生的售货员对话。从小的目标开始慢慢来，一次只做一件事。

通过暴露练习，一方面能够改善我们的回避行为，让我们发现自己曾经逃避的场合其实没什么大不了，另一方面则是让我们学会不再因恐惧和羞耻情绪而惊恐发作。与其回避，不如学会适应恐惧。当你不再退缩时，恐惧就会退缩了。

除了自我练习之外，我们还应该意识到，治愈恐惧不仅仅是克服它，还是逐渐重建我们和恐惧之间的关系。我们的目标不是成为一个没有恐惧的人，而是成为不被恐惧支配的人。这是一项持久的训练，需要我们充分了解自己，知道该如何进行自我激励，如何蓄积能量。我们不需要完完全全地忘记、回避恐惧。在治愈的同时，我们更要学会尊重自己，不需要在他人面前隐藏自己的恐惧症。比如，如果你怕狗，在遇到的时候，你可以积极地去求助周围的人，不必因此而感到羞耻。当有人问起你为什么怕狗时，你可以在不贬低自己的情况下清楚地阐述原因。

我们每个人都会感到恐惧，它是一种基础的、十分必要的情绪，它帮助人类祖先在危机四伏的原始丛林中生存下来，也把许多恐惧留在了我们的集体潜意识中。我们无法避免恐惧，但我们可以调节恐惧。我们需要有智慧识别自我的情绪，有力量承受本能的恐惧，有勇气去面对恐惧。我们不需要做一个无所畏惧的人，但是需要成为一个有勇气和智慧来击退恐惧的人。

强势训练 6：承担后果的能力

不敢下决心选择，核心原因其实是不敢面对选择后的结果，如果选择是正确的，那自然没什么问题；但如果选择错误，就会担心自己无法应对这些后果。

> 安克已步入四十不惑之年，却感到十分焦虑。他目睹周围的同事和朋友要么事业有成，要么家庭幸福，还有些人选择出国深造，学习新专业。然而，他似乎在这些方面都未有所建树，感到自己一无所有。他迷茫于未来的方向，考虑创业却担心失败，害怕耗尽家财；考虑出国深造，又担心无法适应异国生活；继续留在职场，则担心晋升空间有限，害怕自己将庸碌一生。这些困扰日复一日地折磨着他，使他的信心逐渐丧失，做什么事都犹豫不决，他开始怀疑自己的能力，感觉自己无论做什么事都很难成功。这种消极的自我暗示逐渐将他卷入情绪的旋涡，让他找不到存在的价值，也无法摆脱内心的痛苦。

面对选择时犹豫不决的人，内心往往较为脆弱，他们特别关注他人的看法，对自己的判断和选择缺乏信心，总是担心会受到他人的嘲笑，因此行事极为谨慎，对任何事情都要反复权衡。他们既渴望拥有，又害怕失去，因此希望每一个决定都是绝对正确的。他们害怕将来会后悔，所以不断比较各种可能的选择，最担心的是做出了错误的决定而悔之晚矣。

要改变这种习惯，首先必须培养自信心，增强自主、自强和自立的能力，不断提醒自己要果断行动，不留后悔的余地。

告诉自己，即使选择错误，那也是一次勇敢的尝试，你完全有能力面对这个事实，并承担由此选择带来的任何后果。学会承担后果，而不是回避它们，这是成为强势者的关键能力。

马斯洛提出了一个名为"约拿情结"的理论，其灵感来源于圣经中的约拿故事。

> 约拿是一位虔诚的基督徒，他一直渴望得到神的召唤，以证明自己的忠诚。终于有一天，神被他的虔诚所感动，赋予他一个光荣的任务。然而，当面对这个梦寐以求的使命时，约拿却选择了逃避。神四处寻找他，并最终用神力唤醒了约拿，帮助他克服恐惧，完成了使命。

马斯洛用"约拿"这一形象来比喻那些渴望成长，却因内心深处的障碍而拒绝成长的人。在机遇面前表现出的恐惧、迷茫和犹豫不决，即为"约拿情结"。马斯洛认为，这是"对自身伟大潜力的恐惧，对承担使命的逃避，以及对自身卓越才能的回避"。由此可见，人们不仅害怕失败，同样也害怕成功。在面对机遇时，人们常常犹豫不前，这种犹豫往往源于对承担后果能力的缺乏。

马斯洛提醒我们，学会承担后果是自我实现的必然要求，这与生物界的本能相似——树木吸收阳光才能生长得更高，鸟儿丰满羽翼才能飞向远方。我们拥有特定的天性和能力，注定要朝着成为自己本应成为的人的方向努力。自我实现是不可避免的，无论选择哪个方向，都会伴随相应的后果。如果选择"不"，那么逃避的代价同样存在。即便物质富足，你可能也始终无法找到生活的意义。从某种意义上讲，我们每个人都是肩负着自己使命的"约拿"。

关于如何练习勇敢践行使命、积极承担后果的能力，马斯洛给出了自己的思路：

1. 全身心地、积极地、忘我地去体验生活。例如，培养一朵花或制作一道甜点，做这些并非为了成为专业人士，而是为了单纯地享受过程本身。这种享受使我们持续沉浸在积极的体验中，彻底放松地投入生活。它能够使我们原本混乱的精神能量变得井然有序，同时也能激发对生活的热情，增强内在的心流体验。

2. 在面临选择时，不妨选择一条未知的新路，而非熟悉的老路。这样的决定可能会带来前所未有的机遇和成长。虽然未知的道路充满了不确定性和潜在的风险，但它同样预示着创新和突破的可能性。当我们勇敢地跨出舒适区，去探索那些未知的领域时，我们可能会发现自己的潜能，掌握新的技能，甚至改变自己的人生轨迹。

选择新路意味着我们愿意接受挑战，愿意学习和适应。在这个过程中，我们可能会遇到困难和挫折，但正是这些经历塑造了我们的个性，让我们变得更加坚韧和聪慧。而且，当我们回望过去时，那些曾经的挑战往往成为我们最宝贵的经验和回忆。

人们常常感到难以做出决定，这是因为我们总是过于关注眼前的得失，例如，这样的选择我会失去什么？又会得到什么？我会不会感到快乐？我会不会将来后悔？马斯洛建议我们应将目光放远，多思考这个选择是否能为我们带来长期的成长。如果答案是肯定的，即便当下会经历一些痛苦，那也是值得尝试的。只要勇敢地迈出这一步，你就不会因为一时的得失而质疑自己的选择，而是会全面接受这个选择带来的一切，无论是喜悦还是忧愁，用理性去看待，用长远的眼光去分析。

3. **善于倾听自己内心深处最真实的声音，而不是盲目地成为他人意见、权威信息或传统观念的简单传声筒。** 真正地面对自己的内心，保持独立的思考和判断，这不仅能够帮助我们更好地认识自我，还能在很大程度上锻炼我们的心理承受能力，使我们的心灵变得更加坚韧。通过这种方式，我们可以培养出一种内在的力量，这种力量让我们在面对外界的压力和挑战时，依然能够保持冷静和坚定，从而做出最符合自己内心和长远利益的选择。

4. **诚实和真诚地对待他人，不刻意包装自己的形象，也不掩饰自己的真实想法和感受。** 马斯洛认为，这种诚实不仅是一种美德，更是一种对自我和他人负责的表现，它要求我们在与人交往时保持真实和透明。通过这样的行为，我们不仅锻炼了自己的责任感，还能够建立起更加坚固的人际关系。诚实的态度能够促进个人的自我成长，同时也为社会的和谐与进步贡献了积极的力量。

5. 找出自己的防御机制，并勇于放弃它们。自我防御可以在某些时刻达到自我保护的效果，让你待在相对舒适的领域，但是如果明知道可能有其他选择，还一味防御，那就是阻碍成长，阻碍自己学会承担后果。

人生是由无数次的选择构成的。在做出选择时，我们必须学会权衡利弊，并明确内心的真实愿望。我们无法预知结果，因为当前的状况时刻在变。当不幸的结果出现时，我们应具备将失败教训转化为宝贵经验的能力，以引导我们在人生的道路上继续前进。

强势训练 7：独立思考的能力

独立思考的能力是每一位强者的必备素养。在信息爆炸的时代，独立思考能力显得尤为重要。独立思考不仅能够帮助我们辨别信息的真伪，还能使我们在面对复杂问题时做出更合理的判断。

爱因斯坦曾说："独立思考和独立判断的一般能力，应当始终放在教育的首位。"这种能力的培养，对于个人在职业发展乃至日常生活中做出明智决策至关重要。

在探讨如何培养独立思考能力、避免盲目从众的过程中，个人心理因素导致的从众行为是一个不可忽视的重要环节。从众行为指的是个体在群体压力下，放弃自己的观点，而选择与多数人保持一致的行为模式。

社会心理学家所罗门·阿希的从众实验表明，在群体一致性压力下，超过三分之一的参与者会违背自己的判断，选择错误的答案，仅仅因为其他群体成员都选择了相同的答案。这一现象揭示了人类在社会互动中，为了获得认同感和归属感，往往会在无意识中牺牲独立思考。为了克服这种心理倾向，我们需要培养批判性思维，学会质疑和分析信息，而不是盲目接受。如果我们想要建立批判性的思维方式，可以通过以下几个方法：

第一，保持谦逊。我们经常犯一个错误，即在未真正理解事物本质之前，就误以为自己已经掌握了真相。苏格拉底曾经说过："我最大的智慧在于意识到自己的无知。"观察一下周围的杰出人士，你会发现他们越是优秀，就越显得谦逊，因为他们明白"山外有山"。达尔文在提出进化论之前，自我推敲了20年才敢发表，我们又怎能确信自己永远正确呢？

第二，反向思考。在阅读时，我们往往不自觉地迅速掠过那些与我们立场相悖的信息，随后忽略它们。相反，当接触到的信息和我们的价值观产生共鸣的时候，我们便容易感到激动，迅速地接受并作出概括。在算法主导的时代，这种倾向可能带来风险，因为大数据能够轻易地识别我们的喜好，并持续推送相关的内容。

因此，我们更应反向思考：如果 A 确实如此出色，为何还有人会选择 B？为了拓宽思维，我们可以尝试与那些支持 B 的人进行对话，或者阅读一些关于非 A 观点的书籍，这样我们就能逐渐扩展思维的深度，发现许多之前未曾想到的可能性。

第三，质疑任何信息。我们每天都会接触到大量信息，但这些信息真的合理吗？人们的意见和看法往往受到惯性思维的影响，这种思维包含了丰富的经验、社会教育和环境因素。你所认为正确的生活方式、道德观念、文化传统，如果某一天有人告诉你这些全是错误的，你会怎么想？我们每天的行为中有多少是出于习惯性的反应，就像是一台被输入指令的机器人？举个例子，为什么我们起床后要先刷牙再吃早餐？为什么不能先吃早餐再刷牙？刷牙和吃早餐的必要性何在？我们做出这些选择时，应该了解其背后的原理，而不是仅仅因为周围的人都这样做。

> 哥白尼是文艺复兴时期的天文学家，他通过长时间的天文观测和对前人理论的深入研究，逐渐对当时被普

遍接受的地心说产生了怀疑。地心说认为地球是宇宙的中心，所有天体都围绕地球运转。然而，哥白尼在观测中发现了许多与地心说相矛盾的现象，比如行星的逆行运动等。

面对这些矛盾，哥白尼并没有盲目跟随当时的主流观点，而是选择了独立思考和深入研究。他花费了大量的时间和精力，通过对天文观测数据的仔细分析和计算，最终提出了日心说的理论。在这个理论中，太阳被看作宇宙的中心，地球和其他行星都围绕太阳运转。这一观点在当时是极具颠覆性的，因为它直接挑战了宗教教义和当时被普遍接受的宇宙观念。

哥白尼的日心说最初并没有被广泛接受，甚至在他去世后，他的著作《天体运行论》才得以正式出版。然而，随着时间的推移和科学的进步，日心说逐渐被越来越多的科学家所接受和认可，并最终取代了地心说成为现代天文学的基础。

哥白尼的独立思考和质疑精神，为我们树立了一个科学探索的典范。他没有被时代的局限所束缚，而是勇敢地挑战了权威和传统观念。他的故事告诉我们，独立思考不仅需要勇气，还需要持之以恒的探索和研究。在今天，我们同样需要这种精神，去面对生活中的各种问题和挑战。

为了培养独立思考能力，我们应当鼓励自己多问问题，不满足于表面的答案，而是深入探究事物的本质。同时，我们也应该学会倾听不同的声音，尊重不同的观点，这有助于我们拓宽视野，增强判断力。通过不断的学习和实践，我们可以逐步提高自己的独立思考能力，成为更加成熟和理性的个体。

独立思考并不意味着你必须对社会问题持有独到的见解或成为杰出的人物。它更多的是一种习惯，一种不轻易被他人观点左右的态度。独立思考要求你在面对问题时，能够自行进行调查和研究，了解事情的来龙去脉，然后根据自己的判断做出决定。随着你不断学习和成长，你的观点和判断也会不断更新和完善。你会变得更加谦逊和包容，认识到世界是复杂多变的，而不是简单的是非黑白。这就是我们坚持独立思考的重要性所在。

第四，换位思考。这个理念我们耳熟能详，但当遇到问题时，我们常常不自觉地以自我为中心。这是因为身体的自我保护机制在起作用。然而，要想独立思考，就必须跳出这个机制。特别是在面对引发强烈情绪的事件时，我们更应尝试从对方的视角去审视问题。例如，当朋友偷了你的东西，你最初可能会感到愤怒，认为他不是好人。但当你了解到他偷东西是为了给生病的母亲治病后，你可能会从另一个角度看待这个问题。那么，他究竟是好人还是坏人？这件事究竟是对是错？

面对更广泛的议题，如难民问题、素食主义、经济发展与环境保护等，我们也不应一开始就固守自己的观点，而应关注那些不同的声音，尝试与自己辩论，并基于事实来做判断。

事实需要证据和数据来支撑。在寻求答案的过程中，我们可以跳出人类社会的框架，从进化史、生物学、宏观经济等多个角度来看待问题。很多时候，我们会发现，我们现在所面对的问题，其实并不是问题本身，而是我们看待问题的角度需要调整。

第四章
强势者的沟通技巧

　　强势者的沟通技巧并非蛮横与霸道，而是坚定、自信且富有力量。当我们面临重要抉择时，内心的声音需要被清晰而有力地传达，这时强势沟通技巧便成了关键。因为强势沟通并非要压倒对方，而是以巧妙的技巧去影响他人——它能避免我们因委婉含蓄而被人误解，使交流更高效，最终帮助我们在竞争中脱颖而出。本章所探讨的内容，可以帮助你改善沟通方式，提升沟通能力。

积极向上的语言，让人充满力量

语言蕴含着强大的暗示力量。某种程度上，你所使用的语言，塑造了你所生活的世界。当你用积极向上的词汇表达时，你仿佛栖身于一个美好的世界；而当你的话语极其消极时，你仿佛置身于一个充满苦难的世界。

这也揭示了语言和思维之间的紧密联系。具体来说，如果个体倾向于采用积极的表达方式来传递思想和情感，其思维模式也将相应地趋向于积极和乐观，进而吸引更多的正面事件进入生活。相反，如果个体频繁使用消极的表达方式，其思维模式则可能倾向于消极，从而导致更多负面事件的发生。

观察众多成功人士就会发现，他们总是采用积极且充满正能量的表达方式。即便在面临困境或遭受不公正待遇时，他们的言辞依旧保持积极向上，绝不包含任何消极的元素。他们深知如何运用积极的语言来表达想法和情感，这增强了他们在人际交流中的说服力，让他们变得强势而更容易成功。

具有强势特质的人深知积极语言的重要性。他们明白：一个团队、一个组织乃至个人的发展，都离不开鼓励的滋养。他们善于发现他人的闪光点，并能在适当时机给予真诚赞扬和支持，使得他人感受到自身价值与潜力。这种鼓励绝非空洞奉承，而是对他能力认可及对未来乐观的一种体现。

在职场上，那些既具备强势性格又擅长鼓励的领导者往往能够打造高效且团结一致的团队。他们用自己的力量为团队设定清晰方向和高标准，让每位成员都明确知道目标所在，以及应如何努力。同时，通过不断的激励，他们让成员相信自己有能力实现这些目标，从而激发他们的积极性与创造力。

例如，一位销售经理展现出了极为卓越的领导才能和决策能力，对团队要求严格。但这位经理并不是一味批评下属的不足，而是善于捕捉他们工作中的点滴进步。当某个员工成功完成艰巨任务时，他会在会议上公开表扬，强调该成果对于整个团队的重要意义；当员工遭遇困难或挫折时，他则给予支持与帮助，引导他们分析问题、寻找解决方案，并告诉他们："我坚信你一定能克服这个困难，因为你具备这样的能力。"正是在他的领导下，即便面对巨大压力，团队成员依然充满斗志，自信心倍增，业绩也随之提升。

柯立芝任美国总统期间，一天对女秘书说："你今

> 天穿的衣服很漂亮,你真是一位年轻迷人的小姐。"女秘书受宠若惊,因为这可能是沉默寡言的柯立芝对她的最大夸奖了。但柯立芝话锋一转,又说:"另外,我还想告诉你,以后抄写时标点符号要注意一下。"

柯立芝的这种沟通方式,既表现出了对女秘书的肯定,又巧妙地指出了工作中的不足,这种委婉的表达方式,避免了直接批评可能带来的抵触情绪,也有效地传达了期望改进的信息。这种沟通技巧在职场中尤为宝贵,它不仅能够维护良好的人际关系,还能够促进团队成员的成长和进步。

在家庭生活中,这种沟通方式同样适用。父母在教育孩子时,如果能够运用积极的语言,鼓励孩子尝试新事物,表扬他们的努力和进步,而不是仅仅关注结果,那么孩子将更愿意接受挑战,培养出积极向上的心态。同时,当孩子犯错时,父母如果能够用建设性的方式指出问题,并提供改进的建议,孩子则更可能从中学习,而不是感到沮丧或自卑。

在社交场合,积极的语言同样能够帮助我们建立良好的第一印象,赢得他人的信任和尊重。当我们用积极的态度去评价他人,表达对他人的欣赏时,我们不仅能够获得对方的好感,还能够激发对方的积极回应,从而在交流中形成良性循环。

无论是在工作、家庭还是社交场合,积极的语言都是一种强大的工具。它能够帮助我们更好地表达自己，影响他人，建立和谐的人际关系。通过学习和运用积极的语言，我们可以变得更加自信和强势，从而在生活的各个方面取得成功。

然而，要成为一个兼具"沟通者"身份且擅长鼓舞士气的人实属不易。

首先，需要内心足够坚定。对自身目标及价值观有深刻理解，如此方能在面对挑战时无所畏惧。此外，还需敏锐洞察他人的需求，用合适的方式传递关怀和支持，以达到最佳效果。

其次，需要具备敏锐的观察力。我们需要具备敏锐的观察力，能够准确地识别出他人的需求和情绪状态。

此外，也需要持续进行自我反思学习。这种优秀品质并非天生，而是在生活实践中逐渐培养出来的。因此，要关注言行举止对周围人的影响，总结经验教训，不断改进方法技巧，以求更进一步的发展成长空间——那些兼具力量与温暖的人，无论在生活中还是职场上，都显得尤为珍贵。他们以坚定意志指引自己，也通过热忱的话语唤醒旁人的潜能。

所谓强势，就是敢于拒绝

在生活中或职场上树立自己的"强势标签"，并不是要求自己处处压人一头，核心是要在面对不合理要求之时敢于拒绝——如果你不懂拒绝，你就不会保护自己，你可能会被他人利用，甚至失去自我。拒绝并不意味着自私或不友好，而是一种自我保护和自我尊重的表现。学会拒绝，可以帮助我们保持个人界限，确保自己的时间和精力被合理分配。同时，它也能够帮助我们避免过度承诺，从而减少压力和焦虑。

所谓敢于拒绝，其实是一种重要的个人边界设定技能，它可以帮助我们保护自己，更为重要的是，敢于拒绝还会让我们处于一种不被轻视的位置，不至于让自己在团队中成为可有可无的"小透明"，从而让自己的职场角色更有价值，最后让自己在职场上取得更多的成就。

> 一位平面设计师在一家广告公司工作，因其出色的设计作品而受到客户的高度评价。一天，一位大客户突然要求他在一个不合理的截止时间内完成一个复杂的设计项目。设计师意识到接受这个要求将影响他的工作质量和个人生活。他勇敢地向客户解释了自己的工作流程和截止时间的重要性，并坚持了自己的立场。最终，客户尊重了他的决定，并制订了一个更合理的时间表。
>
> 一位项目经理接到公司高层的要求，负责一个面临

失败风险的项目。在对项目现状进行评估后，她认为在缺乏额外资源和时间的情况下，成功的可能性极其渺茫。于是，她决定向管理层展示项目的真实情况，并拒绝了这一任务。她详细解释了自己的理由，并提出了一个更为切实可行的解决方案。尽管她最初的拒绝引发了一些不满，但最终，她的诚恳与专业判断赢得了大家的尊重。

一位医生在一家繁忙的诊所中任职，他逐渐意识到自己的时间常常被无谓的会议和行政事务所占据。当再次接到参加一个与他专业毫不相关的会议的要求时，他毅然决定拒绝这一请求。他向组织者清晰地阐述了自己工作的重心以及患者护理的重要性，并建议其他人或许更适合出席该会议。通过果断拒绝参与，他得以更加专注于为患者提供高质量的医疗服务。

一位新入职的员工经常在下班后，被要求加班处理一些超出她职责范围的任务。起初，为了给同事留下良好的印象，她欣然接受了这些请求。然而，没过多久，她便意识到这开始对她的健康和个人生活造成负面影响。在一次特别过分的要求之后，她果断拒绝，并清晰地说明自己已完成当天所有工作内容，且需要休息。她的拒绝不仅帮助她建立了更为健康的工作习惯，也鼓励同事们探讨更加合理的工作分配方式。

一位享有盛名的艺术家受邀为一个公共项目创作作品。然而，项目负责人试图对艺术家的创作内容施加过多的干预，这与艺术家的创作理念背道而驰。最终，艺术家毅然决定拒绝参与该项目，即使这意味着放弃一笔可观的报酬。他坚定地维护自己的艺术自由和创作完整性，并最终找到了一个更能尊重他独特风格的新项目。

…………

这些故事生动地展示了在不同情境中，人们如何通过拒绝不合理的要求来捍卫自己的边界、时间和资源。勇于拒绝不仅是对自我的负责，更是对他人的一种尊重，因为这有助于建立基于现实期望的健康关系。

拒绝别人可以说是一个不小的挑战，尤其是当你不想伤害对方的感情时。下面给大家介绍一些有效拒绝别人的技巧：

第一，保持尊重。即使在拒绝时，也要保持礼貌和尊重。比如注意措辞的委婉，避免生硬和直接的拒绝。比如："真的很抱歉，这次恐怕没办法帮到您。"

第二，直接但温和、清晰地表达你的立场。清晰地说明拒绝的原因，理由要合理且可信。比如："我手头上有几个紧急且重要的项目需要在截止日期前完成，实在没有多余的时间和精力来处理您这个事情。"

第三，给出理由，但不需要详细解释。表明自己的工作范围和职责界限，让对方明白此次请求超出了你的职责范围。例如："这不属于我的工作范畴，我可能无法给予有效的帮助。"

第四，提供一个替代方案或建议。例如："或许您可以问问部门的小李，他在这方面比较有经验。"

第五，保持坚定，一旦你决定了，就不要轻易改变。这个时候，你可以强调制度或规定。如果拒绝是基于公司的规章制度，就可以明确指出以增强说服力。例如："公司有明确规定，这类事情需要按照特定的流程走，我无法破例。"

第六，感谢对方提出请求或邀请，即使你无法接受。

第七，避免拖延，不要拖延拒绝，越早明确表态越好。

第八，保持自信，即使你感到不舒服，也要表现出自信。

第九，练习，在实际情境中练习拒绝，或者在镜子前练习，以增强你的自信。

第十，表示愿意在未来帮忙——适当地表达在其他合适的情况下愿意提供帮助，以维持良好的关系。例如："等我忙完这阵，如果有机会，我很乐意协助您。"

最后，需要强调的是，你要记住，拒绝是你的权利，你不必为维护自己的界限而感到内疚。

保持耐心，坚持不懈

想要在沟通中保持强势，就像进行一场马拉松式的长跑，需要有十足的耐心，坚持不懈。例如，当你面对一个需要长时间沟通和协商的情况时，不要急于求成。耐心地倾听对方的观点，即使这些观点与你相悖，也要给予对方表达的机会。这不仅有助于建立相互尊重的对话环境，还能让你更好地理解对方的需求和立场。

> 杰克·威尔逊是个成功的商人，一直热心于慈善事业。他曾为一所中学的贫困学生支付了整个中学时期的学费。为了让更多人关注慈善，他打算拍摄自己和受资助孩子的视频放到网上，但这一提议被校长拒绝了。杰克·威尔逊非常生气，决定不再给这个学校捐款。
>
> 多年后，在一次宴会上，杰克·威尔逊与校长偶遇。他忍不住询问校长当初为何拒绝他的提议。校长解释说，那是为了保护孩子们的尊严，因为没有人愿意将自己的贫困公之于众。杰克·威尔逊听后，懊恼地说："你

当时为何不告诉我这个原因呢？不然我也不会停止捐款了。"校长回答："杰克·威尔逊先生，当时你非常生气，没有给我解释的机会，就直接离开了。"

如果杰克·威尔逊能耐心地与校长交谈哪怕一分钟，他或许就能了解真正的原因，也不会做出后来让自己后悔的决定。在沟通时，我们往往被情绪所左右，缺乏耐心，从而导致了许多不必要的误会。其实，在沟通中多一点耐心，可能会带来意想不到的好结果。正如德国的一句谚语所说："耐心是棵苦植物，但结出的果实却非常甜美。"如果杰克·威尔逊能稍微耐心一些，与校长好好沟通，也许就能避免后来的遗憾，并收获更多的理解与尊重。

如今这个信息爆炸的时代虽然给了我们更多的信息获取渠道，但这并未简化实际中的有效互动过程，相反，它要求我们更加用心地经营每段关系，因为只有真实且富有成效的方法才能跨越心理障碍，让彼此建立长久联系。

实际上，沟通不仅仅是信息传递，更是情感交流和思想碰撞。它超越了简单的话语表达，是一种理解与包容他人的态度。有效的沟通能够消除误解，化解矛盾，使人与人之间的联系更加紧密。而耐心则是在沟通过程中保持冷静和专注的一种能力，是愿意花时间倾听、理解并等待他人的一种品质。

从认知心理学的角度来看，耐心还与我们对时间的感知和期望有关。当我们对某一结果有着过高的期待和过短的时间预期时，往往容易失去耐心。相反，如果我们能够调整自己的认知，更客观地看待事情的发展进程，就能更好地保持耐心——为自己贴上"强势"的标签，不是说我们要处处以自我为中心，而是要求我们在沟通中始终保持耐心，当我们能在复杂环境下保持平和心态，不急于求成，也不轻言放弃时，就仿佛拥有了一把神奇钥匙，可以打开许多封闭已久的心灵之门。

> 在战国时期，秦国面临着贫弱的局势与内外困扰。为了振兴国家，秦孝公下定决心进行改革，于是招揽了各路英才，其中就有商鞅。
>
> 商鞅怀揣法家的治国理念，深知变革之路荆棘密布。他明白，要在秦国推行改革，不仅需要坚定的信念，更需要极大的耐性与高效的沟通技巧。
>
> 初到秦国时，商鞅并未急于向秦孝公展示他的完整变法方案，而是先耐心观察国家现状，深入了解百姓生活及朝廷官员的想法。他清楚地知道，只有充分掌握实际情况才能使改革措施更具针对性和可操作性。
>
> 在与秦孝公交流时，他也不是一开始就全面阐述自

己的观点，而是循序渐进，从一些小规模的建议入手，引导秦孝公逐步意识到变法的重要性。起初，秦孝公对商鞅的一些看法持怀疑态度，但凭借耐心和清晰思路，商鞅成功消除了他的顾虑。

然而，当变法消息传出后，却引发了朝廷上下的强烈反对。许多旧贵族认为这会损害他们自身的利益，因此坚决抵制。在这种情况下，商鞅选择不以强硬方式回应，而是通过耐心沟通来解决问题。

他详细解释了变法所带来的好处，并强调这一过程并非要剥夺他们的权利，而是让整个国家更加繁荣，以保障所有人的长远利益。对于那些顽固不化的人士，他则以坚定立场表明自己推动改革的决心不可动摇。

与此同时，在民间，对此政策也存在不少疑虑与担忧。因此，商鞅亲自走访百姓，用简单易懂的话语向他们讲解改革内容及其意义。他耐心回答每一个问题，以消除人们内心的不安感。

在实施过程中，他始终保持足够的耐心，根据实际情况不断调整细节，与各方进行协调沟通。他深知，这项工作需要时间积累，不可操之过急。

经过数年的努力，这场变革终于取得显著成效，使

> 得秦国逐渐富裕起来，其军事力量日益增强，为未来统一六国奠定了坚实基础。
>
> 　　商鞅成功推行变法离不开他卓越的耐心与良好的沟通能力。他用坚定信念、冷静态度以及高效交流克服了重重困难，实现了历史性的转型。

　　在家庭生活中，良好的沟通加上足够的耐心是维系亲情的重要纽带。父母与子女之间，由于年龄、经历及观念上的差异，经常会产生分歧。例如，当孩子在学业上遇到困难并产生厌学情绪时，如果父母只是一味地批评，而没有耐心倾听孩子内心所想，那么亲子关系可能会变得紧张。然而，如果父母能够以平和态度进行交流，并耐心询问原因，共同探讨解决方案，那么孩子不仅能感受到来自父母的关爱，还更愿意积极面对挑战。举个例子，一个孩子数学成绩总是不理想，如果家长能够与孩子一起分析错误原因，并给予适当鼓励，那么孩子的成绩就会慢慢好起来；但倘若斥责孩子，只会令孩子滋生抵触心理，对学习极为不利。

　　夫妻间也是如此。在日常琐事及压力的影响下，小争吵难免发生。如果双方缺乏耐性，在沟通过程中互不相让，小矛盾就可能升级为大冲突。但如果双方都能静下心来，认真倾听对方意见，用温柔的语言表达自己的需求，就能更好地理解彼此，从而增进感情，共同营造一个温馨和谐的小家。比如，一对夫妻在决定如何安排假期时，如果能够耐心地讨论各自的偏好，而不是仓促做决定，最终的结果往往会让双方都满意，增进彼此之间的理解和信任。

职场上，成功也离不开良好的沟通及耐性。团队成员需通过清晰的信息交换明确工作目标、合理分配任务并协调合作。当面临意见不合或项目推进缓慢时，如若大家能够保持冷静，以开放姿态进行讨论，一起寻找解决办法，则团队凝聚力及工作效率必然提升。而对于领导而言，细致入微地倾听员工建议，将激发其创造力，为企业发展注入活力源泉。

然而，要做到高质量互动以及具备充分忍受能力绝非易事。在快节奏的现代生活背景下，人们容易变得焦躁急促，在表达自己观点时忽视他人感受。因此，提高交流技巧以及增强忍受力显得尤为重要，我们需要换位思考，从对方的角度理解其想法，这样才能更好地包容彼此。同时，应控制自身情绪，在面对不同意见或冲突情况时保持镇定，以避免因一己之见造成负面反应。此外，不断学习提升个人技能，比如如何恰当地表述观点，以及如何倾听等，都至关重要。

善于运用沟通中沉默的力量

你是否早就发现：那些在沟通中善于运用沉默这一表达利

器的人，通常都是强势且坚韧的？

　　清晰、准确且生动的言辞被认为能够有效传递信息、解决问题并建立深厚关系。然而，在沟通艺术的广阔领域中，沉默同样蕴含着不可小觑的影响力。真正的成功之人，往往懂得如何巧妙地运用沉默，因为有时沉默能产生比滔滔不绝更为出色的效果。

　　在某位汽车行业的资深人士看来，销售成功的秘诀常与人们的直觉相悖。根据他多年的观察，那些滔滔不绝、自我推销型的销售员，其成功率往往只有大约三成。相反，那些懂得沉默倾听、虚心学习的销售员，成功率却能高达八成。

　　这位资深人士指出，许多销售人员常常过于依赖口才，试图通过直接说服客户来达成交易。然而，这样的做法往往适得其反，成功率并不高。相反，那些能够控制自己的谈话时间，耐心听取客户反馈，并以谦逊的态度提出改进建议的销售员，往往能够赢得客户的信任和青睐。

　　为了验证这一点，一家大型企业的管理者曾组织了一场交流会，邀请了十位当年寿险销售业绩领先的业务员分享经验。令人惊讶的是，这十位顶尖业务员中的大

> 多数都属于内向沉稳型，他们并不擅长滔滔不绝地推销自己，而是更擅长倾听和理解客户的需求。

人们往往对不善言辞的人持有较少的戒备心理，并且更容易向他们倾诉自己的心声。这种让人感到舒适的行为模式，不仅有助于建立信任关系，还能促使我们更容易接受并购买他们所推广的产品。因此，在销售过程中，学会倾听和理解客户的需求，往往比单纯地说服客户更加关键。

> 一家刚刚崭露头角的科技公司正面临一场至关重要的谈判，而其对手则是一家实力雄厚的行业巨头。
>
> 在谈判桌上，双方代表你来我往，气氛紧张而压抑。年轻的CEO肖先生在关键时刻选择了沉默。当对方提出了一系列苛刻且不合理的合作条件时，肖先生并未急于反驳，而是微微皱眉，陷入短暂而深邃的思考。这让对方代表感到些许不安，他们原本以为肖先生会进行激烈辩论，却没想到他会如此冷静应对。
>
> 接下来的讨论中，每当对方提出强硬要求时，肖先生总是先保持片刻沉默，然后才缓缓地表达自己的观点。他巧妙地利用这种沉默来深入思考，同时也使得对方显

得愈加急躁和浮躁。

在涉及核心利益的问题上，肖先生再次选择了静默。整个会议室仿佛能听见针落地般寂静，对方代表们开始低声交谈，他们无法揣测肖先生内心所想，因此压力逐渐增大。

最终，对方负责人忍不住打破这份宁静，自愿做出一些让步。而此时，肖先生抓住这个难得机会提出了一个双方都能接受的方案，从而成功达成合作协议。

事后，当团队成员询问为何多次沉默时，他微笑着回答："在沟通与谈判中，有效运用适度的沉默可以帮助我们掌握主动权，也能让对方更清晰地认识到我们的底线与决心。"

　　沉默是一种经过深思熟虑后的选择与策略。当我们提出一个观点或问题后，适时保持安静可以让对方有时间去消化和反思，从而更加深入地理解我们的意图。这种沉默不是冷场，而是出于尊重，让对方感受到我们信任他们的能力，并激发其自主思考与探索。

　　此外，沉默还可以在沟通过程中起到缓冲情绪和调节气氛的重要作用。在激烈争论或紧张局势下，恰如其分的沉默能够防止冲突进一步升级。当双方情绪高涨、言辞激烈之际，一段时间的不语可以使情绪暂时平息，为理性的回归创造条件。在这短暂宁静之际，人们常常能冷静下来，重新审视自己的观点，以更加平和理智的方法继续交流。

沉默也具备暗示与引导他人的独特能力。有时候，不说话反而会引起对方更多好奇心，使其愈加专注于我们想要表达的信息。例如，在谈判过程中，一方缄口不言可能促使另一方揣测其真实意图，从而产生心理压力，这样就可能迫使他们重新评估自己的立场。这种营造出的悬念与不确定性，可以帮助我们在沟通中占据主动权。

其实，擅长利用沉默的人通常更善于倾听他人。当别人倾诉时，如果保持安静并给予关注，会让对方感受到被尊重与理解。倾听不仅仅是听声音，更是用心体察他人的情感需求。通过沉默，我们能够抛开成见，全身心投入他人的世界，从而建立更加真诚深厚的人际关系。

然而，要在沟通中正确运用沉默并非易事，它需要敏锐的洞察力及准确的判断。如果选择错误或者过久不语，就可能被误解为冷漠、不关心或缺乏回应，这将破坏良好的沟通氛围。因此，我们需不断实践，总结经验，根据不同对象、话题及环境灵活应用这一工具。

《三国演义》里，诸葛亮面对司马懿的大军，他采取了空城计。他坐镇城楼安然抚琴，沉默以对。这一幕令司马懿产生疑虑，不敢轻举妄动，因此最终撤军。诸葛亮巧妙地利用了沉默，迷惑敌人，实现了不战屈敌之效。

沟通是一门复杂精妙的艺术，而沉默则是其中不可或缺的一部分。善于掌握沉默的力量，将使我们在交流过程中游刃有余，事半功倍——既能帮助我们更好地表达自我，也能促进理解他人与化解冲突，为生活、工作带来更多和谐与成功。

会讲故事的人更会沟通

都说，一个好故事，胜过千言万语。在日常生活中我们也都有这样的感触，会讲故事的人更会沟通。

并非所有的沟通方式都能达到预期的效果，有时候直白的陈述和枯燥的数据可能无法真正触动人心。而那些会讲故事的人，却仿佛拥有一种神奇的魔法，能够轻而易举地打破隔阂，引发共鸣，使沟通变得更加顺畅、深入且富有成效。

一个引人入胜的故事之所以能够深深触动人心，主要在于它拥有一种独特魅力，能悄无声息地进入听众的心灵世界，从心理层面触动他们，激起强烈的情感共鸣。在这个过程中，听众会不自觉地把自己融入故事的情境中，与故事所蕴含的哲理相契合，进而对你的观点产生认同。实际上，相较于其他信息传递方式，我们的大脑对故事形式的信息有着更高的接受度和偏好。

因此，我们要想成为一名"强势的沟通者"，让自己的话语更加有感染力，就必须拥有会讲故事这项能力。

> 李先生是一位年轻的创业者，他拥有一个非常新颖的商业模式，希望能够获得投资者的支持。在与投资者的会面中，李先生并没有一开始就展示冗长的商业计划书和复杂的数据分析，而是讲述了自己的创业初心。
>
> 他回忆起小时候，看到家乡的传统手工艺品逐渐被工业化生产所取代，手工艺人们失去了生计，传统文化也面临失传的危机。于是，他立志要通过创新的商业模式，将传统手工艺与现代设计相结合，让这些精美的手工艺品重新走进人们的生活，同时为手工艺人创造更多的就业机会。
>
> 在讲述的过程中，李先生的眼神中充满了激情和坚定，投资者仿佛看到了那个怀揣梦想的少年，被他的故事深深打动。接着，李先生又分享了自己在创业过程中所遇到的种种困难和挑战，以及如何一步步克服它们的经历。这些真实而生动的故事，让投资者不仅了解了他的商业计划，更看到了他的毅力、智慧和对事业的执着。
>
> 最终，李先生成功地获得了投资，开启了自己的

> 创业之旅。在这个例子中,李先生正是通过讲故事的方式,让投资者在情感上产生了共鸣,从而更加信任他和他的项目。

　　故事能够传递情感,而情感是沟通最强大的纽带。当我们讲述自己的亲身经历,或者讲述一个充满温情、悲伤、喜悦或挫折的故事时,听众能够感受到我们的喜怒哀乐。这种情感的共鸣能够拉近彼此的距离,让听众更容易理解和接受我们想要传达的信息。例如,一位销售人员在向客户介绍产品时,如果只是一味地罗列产品的功能和优势,可能很难打动客户。但如果他讲述一个客户因为使用了该产品而解决了实际问题、提升了生活质量的故事,那么客户就能够更直观地感受到产品的价值,从而产生购买的欲望。

　　同时,故事还具有启发思考的力量。一个好的故事不仅仅是为了娱乐听众,更是为了引导他们进行思考,从中汲取智慧和教训。通过故事中的人物和情节,听众可以看到不同的选择所带来的结果,从而对自己的生活和行为产生反思。比如,《伊索寓言》中的许多故事,虽然简短却寓意深刻,让人们在轻松愉快的阅读中领悟到人生的哲理。会讲故事的人善于运用这种启发式的方法,让听众在聆听故事的过程中,自然而然地形成自己的观点和想法,而不是被动地接受他人的灌输。

> 在春秋时期，楚庄王即位后，整整三年未曾理政，沉迷于酒色之中。大臣们对此深感忧虑，但又不敢直接进谏。
>
> 有一天，一位名叫伍举的大臣前来拜见楚庄王。他并没有直言批评君主的荒唐行为，而是给他讲述了一个故事："在楚国的山上，有一只大鸟，它已经栖息了三年，不飞也不鸣，大王您知道这是为何吗？"
>
> 楚庄王听后领悟了他的用意，回答道："这鸟若是不飞，一旦起飞则必定会冲天；如果不鸣，则一鸣惊人。"
>
> 伍举通过这个故事巧妙地暗示楚庄王应当振作精神、治理国家。果然，此后楚庄王开始积极治国，使得楚国成为春秋时期的重要霸主之一。伍举运用讲故事的方法成功说服了楚庄王。

那么，我们怎么做，才会掌握"讲故事式的沟通技巧"呢？

首先，会讲故事的人都懂得如何抓住听众的注意力。 在当下这个信息爆炸的年代，人们的注意力被无数的事物所分散，要想在短时间内吸引他人的关注并非易事。而一个引人入胜的故事开头，就如同夜空中璀璨的流星，瞬间点亮了人们的好奇心。比如，"在一个风雨交加的夜晚，一座古老的城堡中传出了一阵神秘的哭声……"这样的开场，立刻就能勾起听众的兴趣，使他们迫不及待地想要知道接下来会发生什么。相比之下，若是以枯燥的理论或平铺直叙的陈述作为开头，很可能会让听众感到索然无味，从而失去继续倾听的欲望。

其次，要有丰富的素材积累。这就需要我们多观察生活、贴近生活、多阅读书籍、多与人交流，从各种渠道收集有趣的故事和经历。同时，还要学会对这些素材进行加工和整理，使其更具有逻辑性和吸引力。

对于一般受众来说，你的奋斗史、成长经历、创业历程、战略规划以及品牌故事，有时可能显得过于严肃，类似一部励志电影，甚至可能被认为过于煽情或自我吹嘘。因此，建议你在叙述中融入更多生活化的元素，从日常琐事中挖掘故事，用贴近生活的语言来讲述，这样受众更容易接受，故事也更具有感染力。

最后，还要善于运用语言和表情。生动形象的语言能够让故事更加鲜活，而恰当的表情和肢体动作则能够增强故事的感染力。要让自己的声音富有变化，根据故事的情节和氛围调整语调、语速和音量，让听众能够更好地感受到故事中的情感起伏。

会讲故事是一种强大的沟通能力，它能够让我们在人际交往、工作和生活中更加得心应手。无论是想要说服他人、激励团队，还是传递知识、分享经验，故事都能成为我们最有力的武器。让我们努力成为会讲故事的人，用故事的魅力去开启心灵的大门,搭建沟通的桥梁,创造更加美好的未来——在这个充满挑战和机遇的时代,让我们学会用故事去沟通,用故事去影响,因为,一个好故事,胜过千言万语。

幽默的语言在沟通中的魅力与影响

在人生的漫长旅程中,幽默的话语宛如一缕璀璨光辉,穿透生活的阴霾,为我们带来无尽的欢乐与智慧。它不仅仅是简单的笑料,更是一种能够化解困境、缓解压力、增进人际关系的重要力量——无论是在职场还是日常生活中,保持强势固然重要,但幽默可以成为这种强势的润滑剂,使得你的强势既"棱角分明",又显得"亲切有力"。因为沟通就像一座桥梁,将彼此心灵相连,而在这座桥上,幽默犹如闪耀的明珠,为交流增添了无限乐趣和可能性,它能有效地消除尴尬、打破隔阂、促进理解以及增进关系。

设想一个这样的情景:在一次严肃而正式的商务会议上,气氛紧张且压抑,每个人都面露凝重之色,为一个复杂的问题争论不休。这时,有人突然说出一句风趣的话语,这句话瞬间打破了僵局,让大家原本绷紧的神经得到放松,同时思维也变得更加活跃。由于这一丝幽默元素的注入,本来陷入僵持状态的问题开始变得清晰，新思路与解决方案随之浮现。这便是幽默在沟通过程中所展现出的奇妙效果。

此外，幽默还可以迅速建立起良好的亲和感。当我们第一次接触他人时，一个合适且自然流露出的幽默往往能够消除陌生感，使对方感到轻松自在，从而愿意进一步展开交流。例如，在某次社交活动中，你可以这样介绍自己："大家好，我叫某某某，不过你们也可以称呼我'麻烦解决大师'，虽然目前还处于修炼阶段，但我相信总有一天会出师！"这样的开场白不仅能引发会心一笑，还能让听众觉得你是个随和、有趣的人，自然而然地愿意与你进行更多深入对话。

同时，在人际交往过程中，我们难免会遇到一些尴尬时刻，比如说错话或做错事，又或者因意见不合发生争执。在这些情况下，恰当的幽默就像是一把打开尴尬锁具的小钥匙，可以有效活跃气氛。

> 在一次白宫举办的钢琴演奏会上，里根总统正发表讲话，不料夫人南希不慎连人带椅跌落至台下的地毯上，观众惊呼出声。然而，南希迅速地恢复了镇定，灵活地站起身来，在场的二百多位宾客随即报以热烈的掌声，欢迎她回到座位。这时，里根总统机智地插话道："亲爱的，我曾提醒过你，只有在我没有获得掌声时，你才

需要这样表演。"台下再次爆发出一阵热烈的掌声。里根总统这句幽默的话语不仅化解了夫人的尴尬，也消除了观众的担忧，同时还巧妙地展现了他的机智与人格魅力。

在日常生活中，那些言谈风趣的人常常被视为受欢迎的嘉宾。他们一开口便能吸引听众，传递无尽的欢笑与愉悦。没有人能够抗拒在轻松愉快的氛围中交流，因为幽默的言辞者凭借其强大的气场早已赢得了听众的心。在张口之前，不妨自问："我能为他人带来欢乐吗？"一旦明确了这一点，便掌握了沟通的精髓。

秦朝的优旃以其机智幽默而著称。有一次，秦始皇计划大规模扩建御园，并增加珍禽异兽的饲养，目的是个人的狩猎娱乐。这一举措无疑会耗费大量民力和财力。面对这一情况，大臣们无人敢于冒着生命危险去劝阻秦始皇，优旃却勇敢地站了出来。他巧妙地向秦始皇进言："陛下，您的这个计划真是妙极了。有了这么多珍禽异兽，敌人自然会望而却步。即便他们胆敢来犯，您只需命令麋鹿用角将他们顶回即可。"秦始皇听后不禁开怀大笑，并立即收回了成命。

109

优旃的机智不仅在于他敢于直言，更在于他能够以一种幽默的方式，让秦始皇在愉悦中接受批评，从而避免了直接的冲突。在权力面前，智慧和幽默往往能成为最有效的沟通工具。

> 在美国洛杉矶举办的中美作家会议上，美国诗人艾伦·金斯伯格向我国著名小说家蒋子龙提出了一个难题："把一只五斤重的鸡，装进一个只能装一斤水的瓶里，您用什么方法把它拿出来？"蒋子龙机智地回应："您怎么放进去的，我就怎么拿出来。显然，您是通过言语描述将鸡装进瓶中，那么我也将使用语言工具将鸡取出。"

幽默不仅能够调节辩论的氛围，减轻紧张和压力，还能提升言辞的精炼与机智，直接揭示问题的本质，使对手处于不利的位置。更重要的是，幽默还是一种智慧的体现，它能够让人们在复杂多变的情境中迅速找到破解难题的钥匙。正如蒋子龙所展现的那样，面对金斯伯格看似无解的挑战，他没有被问题本身所困扰，而是巧妙地运用了语言的灵活性，将难题化解于无形之中。

在职场环境下，同样需要关注情绪管理，而此时幽默的表达则尤为重要。面对繁忙工作压力及复杂的人际关系，当团队成员因任务繁重而倍感疲惫沮丧，一位领导者若以巧妙方式引入一点儿轻松调侃，就能有效鼓舞士气。

另外，通过使用富有创意且带有娱乐性的表达方式，可以显著提升信息传递效果。在进行产品推广演讲时，用生动形象的小故事来介绍产品特点，会比单纯列举功能更具吸引力。"我们的这款产品就像超级英雄，它拥有强大功能，可以瞬间解决各种问题，让生活变得轻松愉快。"这种表述形式不仅吸引了听众眼球，还帮助他们形成深刻印象，加深品牌认知。

当然，要想在沟通中恰当地运用幽默，并非易事。首先，需要了解对象性格及情绪状态，以确保我们的言辞不会冒犯他人；对于敏感人士而言，无意识中的玩笑反而可能造成负面影响。其次，应避免低俗、不雅以及歧视性质的内容。同时，要关注时间节点及场合设置，在正式、严肃的环境中过多使用滑稽语言恐怕会有失礼仪，引起反效果。

充分认识到幽默的重要性是极为关键的——幽默不仅能拉近人与人之间的距离，使交流更加顺畅愉悦，还能有效化解冲突与困窘，让关系趋于和谐融洽，同时增强信息传递效果，提高整体效率。无论是在生活还是工作领域，无论个人性格如何强势，都应学会合理利用幽默这一工具，将其作为个人发展的助推器，为自身增添光彩。

然而，尽管幽默的威力巨大，但它并不能替代所有其他表达方式。因此，在实际应用中，我们需要根据具体情况灵活调整策略，以确保达到最佳效果。幽默是一种奇妙的沟通力，它能为沟通增添乐趣，使对话更加愉快。一个善于沟通的人，大概率能通过幽默的表达方式，让听众更容易接受他的观点。

为了在日常谈话中融入幽默元素，我们需要学会寻找幽默点，并培养幽默交流的习惯。起初，这种尝试可能会显得生硬或不得要领，但只要我们坚持不懈地努力，我们的幽默沟通能力必然会逐渐提升，最终使我们成为大家眼中最受欢迎的人。因此，让我们在沟通中巧妙运用幽默，让每一次交流都成为一次愉快而难忘的经历吧。

善于运用肢体语言

在沟通的艺术中，肢体语言扮演着至关重要的角色。研究显示，肢体语言在沟通中所传递的信息量可高达55%。因此，掌握有效的肢体语言沟通技巧，对于提升个人的影响力与说服力至关重要。

比如，在教学过程中，老师可以运用丰富的肢体语言，如微笑、点头、手势等，可以增强学生的参与感和注意力，使课堂更加生动有趣，提高教学效果。反之，如果老师表情僵硬，动作单调，学生可能会感到课堂氛围沉闷，失去对课堂内容的兴趣，参与度自然会下降，导致学习效果不佳。

在商务谈判中，一个坚定的握手、直接的眼神交流和开放的姿势可以传达出自信和诚意，有助于建立信任和权威。反之，交叉双臂、频繁的视线转移和紧张的小动作，会增加对方的戒备心理，难以促进沟通的顺畅进行。

> 在一家大型公司的豪华会议室内，一场至关重要的商业谈判正在紧张地进行。
>
> 甲方代表是经验丰富的李总，而乙方则是年轻有为、充满干劲的张总。双方围绕一项大型合作项目的细节展开了激烈而深入的讨论。
>
> 谈判伊始，张总便表现得极为激进，不停挥舞着手中的文件，试图以强硬态度占据上风。而李总则静坐于桌前，双手交叠放于胸前，面带微笑，眼神沉稳地注视着张总，这一肢体语言仿佛在传达："别急，请慢慢说。"
>
> 当张总阐述完自己的观点后，李总微微向前倾身，双手摊开，以一种开放且平和的姿态回应道："您的想法我们非常理解，但某些方面可能需要进一步探讨。"他的动作与语气让气氛稍显缓和。
>
> 随着谈判逐渐深入，双方在价格问题上陷入僵局。此时张总眉头紧锁，双手握拳，声音也随之提高。而李总却不慌不忙地站起身来走到窗边，将双手背在身后眺望远方，那短暂的沉默使得紧绷的气氛略有缓解。
>
> 回到谈判桌前，他坐下后轻轻敲打着桌面，用温和而坚定的话语说道："我们都希望能够达成一个双

赢结果,是吗?"这一细腻动作与柔和言辞促使张总开始重新思考。

关键时刻,当张总提出一个看似无法妥协的新条件时,李总并未直接反驳,而是将双手抱头靠在椅背上闭目沉思片刻。随后,他睁开眼睛,以坚定的目光直视着张总说:"这个条件确实很难接受,但我相信一定能找到更好的解决方案。"

最终,在经过几轮交锋与协商之后,李总通过那沉稳且恰如其分的肢体语言,以及理性周全的话语表达方式,成功与张总达成了合作协议。这场谈判结束后,与会者们纷纷意识到,在谈判桌上,有效运用肢体语言往往比口头表达更具说服力。

观察那些成功且卓越的强势沟通者,我们会发现,他们通常保持一种挺直的身姿,无论是站立还是坐下,脊背笔直,头部微微抬起,展现出一种自信与掌控全局感。这种身体姿态传递出内在力量和决心,让他人在潜意识中感受到他们坚如磐石般的信念。例如,一位商业领袖在关键会议上始终保持端正坐姿,即使面对诸多质疑,他依然通过肢体语言展示对自身观点的不懈坚持,从而增强了团队成员对他的信任感。

眼神交流在肢体语言中也占据重要地位。优秀且果敢的强势沟通者擅长使用锐利且专注的目光。他们直接凝视对方，不回避、不躲闪，这种直接接触传达出自信与真诚，同时也让对方感到被重视。在谈判桌上，当一方以坚定而集中的目光盯着对手时，常常能够在气场上占得先机，使对方产生压力，从而争取到更有利的条件。

此外，手势也是那些强势沟通者经常使用的一种非言语表达方式。有力度且明确无误的手势可以强化所要表达的信息。例如，在演讲时，大幅挥动双臂可以强调重点，引发听众注意；指向某个特定方向或物品则能引导他人的思维焦点。一位杰出的演讲家，通过恰当运用各种手势，可以将自己的热情与理念传递给观众，并激励他们产生共鸣及行动意愿。

然而，需要特别指出的是，这些卓越型沟通者使用肢体语言并不是为了炫耀权威或压制别人，而是为了更加高效地传达信息，实现目标。在团队合作中，一个具有领导魅力的人可以通过鼓励性的拍肩、肯定性点头等动作来激发团队成员的积极性和创造性。这些非言语行为所传递出的支持与信任，会显著提升团队凝聚力及战斗精神。

同时，我们也应认识到，有效运用肢体语言需要根据具体情境及他人的反应进行调整。如果过于生硬或者不适当，则可能导致他人反感甚至抵触，从而削弱原本良好的交流效果。因此，一个优秀且果断的人必须具备敏锐的洞察能力，根据反馈及时调整自己的非言语表现方式，以达到最佳效果。

为了更好地利用这一优势成为卓越的沟通者，我们可以通过观察学习来提升自身能力。仔细研究那些成功人士如何处理不同情况下的身体表现技巧；参加相关培训课程以掌握基本原则和有效方法；不断实践总结，将这种技能逐渐融入个人风格之中，以便形成独特又富有吸引力的方法论体系。

总而言之，肢体语言犹如一把锋利武器，对于那些希望成为卓越传播者的人来说，应用得当可助其披荆斩棘，实现高效的信息流转及关系建立。但与此同时，也需牢记真正意义上的"强大"并不是控制或压迫，而是在相互尊重的基础上，通过自信且合适的方法引导交流走向积极成果，共同实现目标，为双方创造更多价值。

高效表达自己的观点并说服别人

在人际交往与职场发展中，有效沟通是连接心灵的桥梁，更是说服他人、达成共识的关键。当我们站在表达观点的前沿，面对不同背景、不同需求的听众时，如何精准地传达信息，如何有力地论证立场，进而赢得对方的认可与支持，成为一门值得深入探讨的艺术。

1. 了解听众的需要至关重要

在阐述观点前，深入了解他们的需求、兴趣和价值观，这有助于我们调整沟通方式，更好地贴近听众期望。

根据心理学家艾伯特·班杜拉的社会学习理论，人们倾向于模仿有威望或相似的人。因此，面对专业人士时，引用行业权威数据和案例能增强说服力，并让听众感到被尊重和理解。与年轻听众交流时，则可使用流行文化或社交媒体热门话题，以贴近其生活。

掌握听众背景和需求后，选择合适的沟通方式和语言风格也很关键。对逻辑分析和数据驱动的听众，图表、统计数字和案例研究更有效；对情感驱动、喜欢故事的听众，生动的故事和实际案例更能引起共鸣。此外，根据听众反应和互动，适时调整表达方式，如增加幽默互动，可进一步提升沟通效果。

在实际操作中，可运用多种沟通技巧增强说服力，如使用比喻和类比简化复杂概念，运用重复和强调加深关键信息记忆，使用对比和对照突出观点差异。同时，保持开放和包容的态度，尊重听众意见和反馈，有助于建立信任和营造良好的沟通氛围。

2. 借助权威的力量，提高自己的价值

当我们自身实力较弱的时候，要学会借助权威的力量，来给自己"增加重量"。通过合理地引用和展示权威人士的观点、研究成果或相关数据，可以增强自己的论点的可信度和说服力。这样做不仅能够使自己的观点更具权威性，还能在同行和公众中树立起更高的专业形象。此外，合理地借助权威的力量，还可以帮助个人在竞争激烈的环境中脱颖而出，获得更多的机会

和资源，从而进一步提升其在专业领域内的价值和影响力。

比如，一个销售人员在销售过程中，不过分谦逊，而是适时且恰当地展现自己的优势，则能让客户对你更加尊重，进而增加购买你产品的意愿。例如在初次拜访客户时，可以这样说："先生，您好！我们××公司是全国××行业中最大的企业之一。我们在这个行业已经深耕二十年，同时，我们的母公司是一个世界性集团，拥有着一百二十家优秀的关联企业。我们的声誉来自我们每收取客户一块钱的服务费，就能为客户省下五块钱的成本……"这样的开场白，便是巧妙地利用权威机构背景来提升自身形象，从而有效吸引客户的注意。

3. 逻辑性是说服他人的核心工具

人们更容易接受那些有逻辑、有证据的观点，逻辑性能够帮助我们在交流中建立一个具有说服力的论证框架。通过合理的推理和充足的证据，我们能够引导受众沿着预设的思维路径得出结论，从而增加观点的说服力。

从心理学的角度来看，认知一致性理论指出，人们倾向于保持其内在认知的一致性。也就是说，当我们接受新的信息时，如果这些信息与我们已有的认知或信念一致，我们就更容易接受并整合它们。因此，在说服过程中，确保你的观点和论据能够与受众的既有信念产生一致性，是一种有效的说服策略。

举个例子，在公司的重组会议上，一位经理面临着说服董事会接受新的重组计划的挑战。为了做到这一点，这位经理首先收集了大量有关市场趋势的详细数据，展示了行业竞争的动态变化。接下来，他通过风险分析，展示了如果不进行重组，公司可能面临的财务和市场风险。这一切都通过清晰的逻辑链条连接在一起，形成了一个完整的论证结构。此外，经理还特别注意到了董事会成员以往的决策习惯和偏好。

他引用了之前公司在面对类似市场挑战时成功进行变革的案例，来强调重组的历史有效性。这种策略不仅依赖于数据和逻辑，还与董事会成员已知的成功经验相一致，降低了他们的心理抵抗。最终，经理的论证因其逻辑缜密、证据充分而具有很强的说服力，让董事会成员更容易接受重组方案。

4. 情感引导是增强说服力的关键因素

情感引导在说服过程中扮演着重要角色，因为它能够直接触动人的内心情感，从而影响他们的决策和行为。心理学研究表明，相较于单纯的理性分析，情感往往对人的行动具有更强的驱动力。这是因为情感能够在人们心中引发共鸣，使他们更容易被信息所打动。

> 在一次慈善筹款活动中，组织者为了激励听众慷慨解囊，并没有直接罗列一串数字或目标，而是选择讲述一个真实而感人的故事。
>
> 他介绍了一位名叫小明的孩子，自幼生活在贫困中，因父母无力支付学费而面临辍学的危险。然而，由于上一次筹款活动的成功，小明得以继续学业，并在学校表现优秀，甚至获得了奖学金。这段经历不仅改善了小明的生活，也让他的家庭重新燃起了希望。
>
> 当听众听到这个故事时，他们的内心被深深触动。小明的故事让他们感受到自己的捐款能够带来的真实改变和影响。这样的情感共鸣远比冰冷的数据更能激发人们的同情心和慷慨之心。
>
> 结果是，当组织者呼吁再次捐款以帮助更多像小明这样的孩子时，听众纷纷响应，纷纷慷慨解囊，使得筹款目标迅速达成。

在情感引导的过程中，故事的叙述方式和情感的表达方式至关重要。通过生动的叙述和情感的投入，故事能够更好地与听众建立情感联系，从而提高说服力，通过引发共鸣促使人们采取实际行动。

成功的说服不仅仅依赖于信息的合理性。你可以通过自信的展示、缜密的逻辑、感人的情感引导以及对受众的深刻洞察，来有效地表达观点并影响他人的决策。这些技巧和策略在沟通过程中能帮助你更好地实现目标。

第五章
如何在实践中运用强势

生活如同战场，每个人都在为自己的目标和梦想奋斗。在这场战斗中，强势不仅是力量的展现，更是智慧的体现。它能帮助我们坚定立场，捍卫权益，同时也在人际交往中发挥着不可小觑的作用。然而，强势并非简单的强硬或咄咄逼人，而是一种恰到好处的态度和策略。它要求我们在保持自信的同时，也要学会倾听和理解他人，以确保我们的行动既有效又和谐。

本章将深入探讨如何在日常生活中巧妙地运用强势，为你呈现一个全面而实用的强势智慧指南。通过本章的学习，你将学会如何在保持自己原则的同时，灵活应对各种挑战，让强势成为你人生道路上的得力助手。让我们一起探索强势的智慧，让生活更加精彩！

该独立时，不必追求合群

在现代社会中，我们常常被鼓励去融入集体、追求合群，似乎只有这样才能获得安全感和归属感。然而，盲目追求合群有时候会抹杀我们个体的独立性，甚至让我们失去自我。在某些时候，选择独立反而更为明智。

首先，追求合群可能导致我们压抑自我，迷失方向。在一个群体中，为了获得认同，我们常常会刻意去迎合他人的观点和行为，而忽视了自己的真实想法和感受。比如，在职场中，团队的意见往往会影响个人的决策。一个有潜力的员工可能为了合群而放弃提出创新的想法，因为担心这些想法不被大家接受。然而，正是这些看似离经叛道的观点往往能够带来突破性的进展。过度合群，长期下来可能会让我们丧失独立思考的能力，变得随波逐流。

其次，过度追求合群也可能使我们在精神上产生矛盾和压力。人往往有一种与生俱来的社交需求，但如果这种需求过度便会成为一种束缚。举个例子，一位大学生为了融入同学圈子，频繁参加各种集体活动，甚至参与自己不感兴趣的聚会。这不仅浪费了大量时间，还使他在学习上感到力不从心，学业成绩也因此受到影响。其实，独立并不意味着孤立，而是有选择性地进行社交，在保有自己空间的同时，建立和谐的关系。

最后，合群并不总是好的选择，特别是在道德或价值观受到挑战的情况下。 比如，有些朋友可能会怂恿你参与不良活动，如果为了合群而随波逐流，最终可能会违背自己的原则甚至触犯法律。一个典型的例子是青少年时期容易受到团体压力的影响，进行吸烟、酗酒等行为。此时，抵制压力、保持独立显得尤为重要。对于那些敢于独立的人来说，他们往往能够在不同的环境中保持自我，展现出更强的适应能力和创新能力。

史蒂夫·乔布斯就是一个很好的例子。他在苹果公司内部并不是一个典型的"合群者"，他的许多决定都曾遭到同事的反对和质疑。但正因为他坚持自己的理念，苹果公司的产品才得以在全球范围内获得巨大的成功。乔布斯的经历告诉我们，在关键时刻，独立思考和坚持自我是多么不可或缺。

当个体融入群体时，其个性往往会被群体的特性所淹没。群体的思维倾向会占据主导地位，而群体的行为往往显得缺乏意义、情绪化且缺乏智慧。当然，在我们日常生活中所处的小团体并不至于如此极端，但如果你想融入群体，至少需要顺应群体的意愿。这种顺应往往会对个体的个性施加不同程度的压力。长此以往，群体的意志可能会取代个体独立思考的能力。从这个角度看，不盲目追求融入群体反而可能是一种积极的态度，这表明你重视自我和精神的成长，并且具备一定的独处能力。

正所谓："猛兽是单独的，牛羊则结队。"这句话完整地表达了不同人在社交中的不同选择。

当然，这并不是说合群完全是坏事。合群在某些方面可以带来实际的好处，例如提高工作效率、加强团队合作等。但我们需要分清何时应该追求合群，何时应该保持独立。一个有效的方法是自我反思，问问自己加入某个活动或认同某个观点时，是真正出于自己的意愿还是出于对他人期望的迎合。

在现代社会中，个体的独立性和群体的认同感是相辅相成的。我们需要学会在这两者之间找到平衡。每个人的生活轨迹和价值观都是独特的，不必为了迎合他人而改变自我。在该独立的时候，我们应该勇于走自己的路，不被他人的意见和群体的压力左右。

总之，合群固然有其价值，但我们更应珍视独立的意义。独立不仅是一种生活态度，更是一种能力，它使我们能够在纷繁复杂的世界中保持自我，追求真正的幸福和成功。无论在何种境遇中，学会辨别什么时候应该独立，什么时候应该合群，将使我们受益良多。

拥有麻烦别人的勇气

古语有云："求诸人不如求诸己。"我们从小就被灌输这样的思想，自己的事情自己做，求别人不如求自己。于是，不麻烦人似乎成了应有的处世准则，仿佛独自承担一切才是一个人应有的教养。但在现实中，有不少人因为凡事硬扛而活得疲惫不堪。

英国诗人约翰·多恩说："没有人是一座孤岛。"一个人的能力再强，也无法面对人生的一切风浪。适当地麻烦别人，才可能成全人的不圆满。我们常说独立是一个人的底气，但过度独立就是在为难自己。

我身边就有这样一个例子。朋友小玉向来要强，第一段婚姻的终结与她过分的独立不无关系。有一次我与小玉视频通话，没想到她居然一个人在医院做产检，想到产期将近的她独自在医院跑上跑下，我不禁倒吸一口凉气，赶紧穿好衣服去医院找她。等我到达医院找到她时，她正拖着笨重的身子，扑哧扑哧喘着粗气，在长长的队伍中排着等待缴费。我问她："你爱人怎么没陪你来？"没想到她却说她没告诉他今天检查，怕耽误他工作。后来，小玉的爱人看到产检单子，知道了这件事后，还批评了她一顿。

　　小玉的这种行为，虽然体现了她的独立性，但也暴露了她缺乏与伴侣沟通和分担的勇气。在婚姻关系中，相互依赖和信任是维系关系的重要纽带。小玉的过分独立，实际上是一种自我封闭，她没有意识到在困难时刻寻求帮助是人之常情，也是伴侣间相互扶持的表现。有时候，拥有麻烦别人的勇气，不仅是对他人的信任，也是对自己的一种关爱。

　　付出不是为了感动自己，而是为了温暖对方。即使你想要付出所有，也要有所克制。你以为自己咬紧牙关独自硬撑，就能换来对方的理解和感动，殊不知对方却只看到了你不由分说的自作主张，结果感动的只有自己，满身疲惫的也只有自己。人是要独立，但这不意味着一定要逞强，不麻烦别人，别人哪能了解你的难。有时独自硬撑，不但遮不住风雨，反倒会让风雨把人击倒。

　　《荀子》中说："友者，所以相有也。"朋友是可以互通有无、互相帮忙的。

　　在心理学上，有个很有趣的现象叫作"富兰克林效应",它的起源要追溯到一段历史故事。

那时候,富兰克林还是美国宾夕法尼亚州的一名州议员,他非常希望能得到一位国会议员的支持。但有个小难题,这位国会议员曾经在公开场合反对过富兰克林的某些观点,这让富兰克林感到有些为难。

然而,好运降临,富兰克林偶然间听说这位议员家里藏有一套非常稀有的书籍,于是他鼓起勇气,礼貌地写了一封信,请求借阅这些书籍。令人惊讶的是,议员竟然爽快地答应了。几天后,当两人再次见面时,议员不仅主动跟富兰克林打招呼,还表示愿意为他提供更多的帮助。从此,两人的关系越来越亲密,最终成为好朋友。

这就是"富兰克林效应":要想赢得别人的好感,有时候不是去帮助他们,而是巧妙地请求他们的帮助。换句话说,适当地请别人帮个小忙,反而能帮你更好地建立人脉关系。

卡耐基在《人性的弱点》一书中曾说,如果想让交情变得长久,就得让别人适当为你做一点小事,这会让别人有存在感和被需要感。适当地麻烦朋友,不但自己的问题能够得到解决,朋友也会感到在友谊中存在的价值。朋友之于我们,不仅仅是闲暇时一同玩耍、倾诉的人，更成了一种精神的寄托。不要害怕为朋友添些小麻烦，也许他正因为还能替你搭把手、出个力而欣慰欢喜。

其实大多数人不愿去麻烦别人，是因为害怕遭到拒绝，丢了面子。但俗话说，死要面子活受罪。如果我们不愿向任何人寻求帮助，就很容易将自己隔绝在一个孤岛上。

如何向他人求助，也是一门学问。

心理学中有一个"登门槛效应"，意思就是你刚开始提一个比较小的要求，后面大概率对方就更有可能接受你更大的要求，所以先从小事寻求对方的帮助，会更容易得到帮助。

> 美国心理学家弗里德曼及其助手曾进行了一项经典实验。他们让两位大学生访问郊区的家庭主妇，其中一位首先请求家庭主妇将一个小标签贴在窗户上，或在一份关于美化加州或安全驾驶的请愿书上签名，这是一个小的、无害的要求。两周后，另一位大学生再次访问这些家庭主妇，要求她们在接下来的两周内，在庭院内竖立一个呼吁安全驾驶的大招牌，这个招牌相当不美观，这是一个大要求。结果显示，答应了第一项请求的家庭主妇中有55%的人接受了这项要求，而那些第一次未被访问的家庭主妇中只有17%的人接受了该要求。

再比如，在亲密关系中，如果你提出想要进行一次周边自驾游，你或许可以这样表达："我们能否利用这次假期，去国外度假呢？"你的伴侣可能会考虑到时间和金钱的成本较高，而不太愿意答应。但如果你接着说："我们能否自驾去周边玩一玩？"此时你的伴侣可能会想，他刚刚拒绝了一个请求，如果再次拒绝似乎不太合适，因此他可能会更愿意接受你随后提出的建议。

《诗经》中说："投我以木桃，报之以琼瑶，匪报也，永以为好也。"人与人相处，有时候就要通过这样的互相麻烦，才能有更多的交流，彼此走得更近。人和人之间往往需要一个合理的由头来打破之前的藩篱，开启一段关系。当我们能够放下面子去麻烦别人时，其实也是给了别人一个机会来靠近自己。好的关系都是麻烦出来的，相互之间建立了联系，有了来往，我们才能确定生命中哪些人能够陪我们同行。

强势不是霸凌，坚决不能"盛气凌人"

胡适在他的自传《四十自述》里曾说："我渐渐明白，世间最可厌恶的事莫如一张生气的脸；世间最下流的事莫如把生气的脸摆给旁人看。这比打骂还难受。"

在人际交往的"广袤领域"之中，有一种态度如同阴霾般令人感到不适，那便是盛气凌人。盛气凌人的人，通常依靠自身某种优势，无论是权力、财富、地位，还是学识与技能，对他人表现出傲慢、轻蔑和专横，试图以强势压制他人，而非通过理智说服或情感打动。

这种盛气凌人的行为形式多种多样。在职场上，这可能表现为一位高层管理者对下属的工作成果毫不在意，随意严厉批评，全然忽视下属的感受与努力；在学校里，也许是成绩优异的学生对那些稍逊一筹的同学冷嘲热讽，自认为高人一等；而在家庭中，则可能是经济条件较好的成员对其他家庭成员指手画脚，漠视他们的意见和需求。

这种态度带来的危害深远且复杂。被盛气凌人对待的人，其自尊心和自信心会受到严重打击。长期处于这样的压迫之下，他们可能会产生自我怀疑、焦虑甚至抑郁等心理问题。本应充满热情与创造力的人，因为不断遭受贬低与否定而失去前进动力，从而变得消极、自我封闭。

从社会角度来看，一旦盛气凌人的风潮蔓延，将破坏团队合作及社会和谐。在一个团队中，如果成员之间不能平等相待，相互尊重，而是充斥着傲慢与偏见，那么团队凝聚力和战斗力必然大幅下降。合作将变得困难重重，沟通也会障碍丛生，从而导致工作效率降低，实现目标愈发艰难。

在人际交往中，这种态度更容易导致关系破裂。没有谁愿意与一个总是趾高气扬、不懂得尊重他人的人建立深厚友谊或合作关系。这类人士常常会被孤立,在需要帮助时难以得到他人的援助。

盛气凌人的根源通常源于个人内心的不平衡。他们过分关注自身优势及成就,却忽略了他人的价值与尊严,这是此种态度产生的重要原因之一。此外,缺乏同理心及包容性,不善于站在别人角度理解感受,也是导致这一现象的重要因素。

历史上有很多因盛气凌人而遭遇悲惨的例子。例如楚汉相争时期的著名人物项羽,他表面上看是力能扛鼎的盖世英雄,但背后的一面却是刚愎自用与盛气凌人。小时候,项伯让他读书,但他总是无法专心;让他练剑,他又坚持不下去,这让项伯感到很无奈。项伯尝试教他兵法,但他仗着自己天生勇力依然耐不住性子,只是草草了事。与刘邦争夺天下的时候,他对待自己手下的谋士将领不但较为苛刻,相反连正确的意见都听不进去,还总是在他们面前展现出一副盛气凌人的样子。结果,韩信、彭越、英布等优秀人才皆归于刘邦,自己最后落得一个因无颜再见江东父老而自刎乌江的悲情结局。

反观那些懂得谦逊并尊重他人的人物,往往能赢得众人的敬仰支持,从而成就事业。如三国时期的刘备,以仁德闻名,他礼贤下士,对诸葛亮等贤臣良将倍加敬重,因此能够依靠众人才华共建蜀汉政权。

在职场上,一个谦逊且温暖的领导常能激励员工的积极性及创造力，为企业营造积极向上的氛围。而若领导者持有盛气凌人的姿态，则容易引起员工反感抵触，从而造成优秀人才流失，并影响企业发展壮大的步伐。

教育领域亦然。如果教师能够以平等且尊重之姿对待学生，引导他们发挥特长，那么学生将在宽松和谐的环境中茁壮成长。然而，如教师总以居高临下之姿面对学生，则可能扼杀其学习兴趣以及创新精神的发展空间。

现实生活中的确存在不少"盛气凌人"的现象，比如公共场合一些因身份或财富背景显赫的人士，会毫无节制地呼来喝去，对于服务人员全无基本礼貌可言。这类行为不仅暴露了其素质底蕴不足，同时也给周围群众带来了负面影响。从心理学角度分析，此类人士内心普遍存在一定程度的不安以及自卑，通过施加压力来获得短暂优越感，但这并未真正解决问题，只是在错误道路上越行越远罢了！

要改变这种状况，我们首先需具备自我认知能力，即意识到自身的问题所在，这是转变的第一步。客观审视自己的言行举止是否给身边朋友带来了困扰。同时，还需倾听反馈意见，把批评作为改进的动力来源之一。另外，同理心得到充分培养至关重要——尝试站在别人的人生境遇看问题，用真诚理解彼此的喜怒哀乐，就不会轻易用傲慢的眼光看待任何事物！

"盛气凌人"是一种既不健康又不道德的处世态度，它对个人成长与社会发展均产生了消极影响。我们每一个人都应当竭力克服这种倾向，以平等、尊重和友善的姿态对待他人，共同营造一个和谐美好的世界。当我们学会摆脱傲慢心理，拥抱包容与谦逊时，方能真正体会到人际关系带来的温暖与快乐，并在和谐共进中迎来更加美好的明天！

亲密关系中如何避免恋爱脑

在亲密关系中，我们经常听到一个词语——"恋爱脑"。所谓恋爱脑，指的是在恋爱过程中过度投入，以至于失去自我控制的情感状态。其特征包括：对恋爱感到恐惧，担心在情感交流中受到伤害；一旦陷入爱情，便容易丧失自我，渴望与伴侣形影不离；担心双方关系失去新鲜感；对伴侣的情感需求极高，期望对方不断展现浪漫的言辞或行为；过度依赖对方，缺乏独立性，希望在做任何事情时都有伴侣的陪伴；在关系中变得越来越敏感和自卑……如果你发现自己有上述表现，那么你可能也陷入了恋爱脑的状态。而成为一个情感上的强者，能够帮助你避免陷入恋爱脑，从而真正享受到一段健康的亲密关系。

恋爱脑的人，总是全心全意地投入伴侣的世界。无论是说话还是行动，他们都自然而然地以对方为中心，仿佛对方就是他们的宇宙中心。他们的喜怒哀乐，都随着伴侣的情绪波动而起伏。他们在感情中就像一只无头苍蝇，难以保持理智，毫无主见。只要对方的脸色稍有不对,他们就开始担心:"他不会生气了吧?"在经历了几次失败的恋爱后,这些人更是变得心有余悸,对新的亲密关系产生了恐惧。

《包法利夫人》中的爱玛是一个鲜明的恋爱脑典型。

爱玛,一个出身富裕农家、受过贵族式教育的女子,对爱情有着如梦似幻的憧憬。她渴望的爱情,是小说和诗歌中的浪漫与甜蜜,是婚姻生活的无尽光彩。然而,命运似乎开了个玩笑,将她推向了一个与理想大相径庭的境地——她嫁给了木讷、不解风情的乡镇医生包法利,生活变得平淡如水,与她心中的浪漫愿景格格不入。

理想与现实的巨大落差,让爱玛开始寻找心中的那份"真爱"。她先后与莱昂和罗多尔夫陷入婚外情的旋涡,全心全意地沉浸在那份看似热烈的情感中。为了这份所谓的爱情,她不惜背负巨额高利贷的重担,盲目地相信爱情的力量,认为它能改变命运,让她挣脱平庸的束缚,实现心中的梦想。

然而,爱玛的恋爱脑让她失去了自我认知和理性判断。她对自己的能力和价值缺乏清晰的认识,总是试图通过爱情来证明自己的存在和价值。她沉醉于情人的甜言蜜语和誓言承诺中,却忽视了现实的残酷和无情。为

> 了这份所谓的爱情,她不惜放弃家庭和责任,最终导致了家庭的破碎和个人的毁灭。

实际上,"恋爱脑"的问题,其本质并不在于脑的问题,而是行为上的偏差。"恋爱脑"本身并不会对感情造成致命伤害,真正的威胁来自对伴侣的过度依赖。因此,问题的焦点不在于"恋爱脑",而在于这种依赖性行为所带来的负面影响。

那我们该如何摆脱恋爱脑呢?答案其实显而易见,并非去学习那些恋爱技巧,而是要保持自我,切实地在生活中培养起对生活的责任感与个人的独立性。

那么,怎么样才能做到在爱情中保持自我呢?

第一,你需要明确自己的价值观和生活目标。我们需要认识到,每个人都是独立的个体,拥有自己的思想、情感和需求。在恋爱关系中,保持自我意识和自我价值感是至关重要的。我们要了解自己真正想要的是什么,无论是职业上的成就还是个人生活的幸福,这将帮助你在爱情中保持清醒的头脑。

第二,学会沟通和表达自己的需求和期望,而不是一味地迁就对方。与伴侣共同商讨如何在支持彼此的同时,也能够追求个人的发展,这有助于建立一个平等和健康的伴侣关系。此外,保持一定的社交圈和兴趣爱好,不要让爱情成为生活的全部,这样可以让你在情感关系中保持独立性。

第三，不断地自我提升，无论是知识技能还是情感智慧，都能让你在爱情中更加自信，也更有能力去经营一段健康、平衡的关系。通过阅读和学习，你可以不断提高自己的认知，以及解决问题的能力。同时，情感智慧的提升有助于你更好地理解伴侣，处理冲突，在关系中保持和谐。

第四，降低期待，拒绝情感内耗。期待属于精神的投入，投入过多，必然会造成情感的内耗，恋爱时感到痛苦的人身上都有一个共同点，就是对爱情抱有不切实际的期待。

在感情中能保持清醒的人，通常都懂得一个道理：期待的标准，不是人性和道德，而是自己对他人到底有多少价值，对方有多需要你。也就是说，你对任何人的期待，都应该建立在自己的价值和对方对你的需求程度之上。如果对方足够喜欢你，自然不敢怠慢你，他自然会尽力而为，但是，如果你只是单方面的期待，却无法激发对方对你更好的动力，那么这种期待就只会变成对方的压力，最后成为破坏两个人亲密关系的利器。

第五，主动规划自己的生活，并且严格地执行下去。很多被称为"恋爱脑"的人，在生活中做出的选择往往受到多种因素的驱使，而不仅仅是出于纯粹的兴趣。他们可能刚刚还在坚定地表示要完成刚定下的目标，但转眼间就被手机吸引而分心。或者，他们可能已经口口声声说要减肥好几个月了，但每天仍然忍不住多喝一杯奶茶。

要摆脱这种依赖心理，关键在于对自己的生活有主动的规划和坚定的执行力。一个总是想着偷懒、总是寻求他人帮助、总是抱怨却不愿采取行动的人，更容易陷入"恋爱脑"的困境。他们往往希望有一个伴侣来帮自己解决难题，督促自己变得更好，并希望对方能够承担起作为伴侣的角色责任，来帮自己做出各种决定。这种深度依赖一旦形成，你的生活就会与对方的一言一行紧密相连。要真正摆脱这种依赖心理，除了要有主动的规划和坚定的执行力之外，还需要培养独立解决问题的能力。这意味着，当你遇到困难时，首先应该尝试自己去寻找解决方案，而不是立即求助于他人。通过独立思考和解决问题，你不仅能够增强自己的自信心，还能逐渐减少对他人的依赖，从而避免陷入"恋爱脑"的困境。

当你完全掌握了自己生活的自主权时，你在亲密关系中对对方的依赖就会自然而然地减少，进而才能变得更为强势，主动掌握自己的幸福。这种强势的态度会让你在亲密关系中更加主动，不再轻易被他人的情绪或行为所左右。你会学会在恋爱中保持自我，不为了迎合对方而牺牲自己的原则和底线。同时，你也会更加懂得如何与伴侣共同成长，相互支持，而不是单方面地依赖或控制。

因此，不要再抱怨明明自己一个人可以过得很好，但一谈恋爱就出现问题。这往往是因为你在恋爱中失去了自我，没有保持那份应有的强势和独立。仔细反思一下，你一定还有很多细节可以做得更好。比如，学会在恋爱中保持自我边界，尊重彼此的差异；学会在冲突中理性沟通，以平等和尊重的态度解决问题；学会关注自己的内心需求，不断提升自我，让自己变得更加有魅力和自信。当你真正做到这些时，你会发现自己在亲密关系中变得更加游刃有余，能够更加主动地掌握自己的幸福。

婚姻中的强势与妥协

在探讨婚姻与恋爱中的动态平衡时，我们不得不提到"强势"与"妥协"这两个看似对立却又相互依存的概念。正如心理学家约翰·高特曼所指出的，成功的婚姻关系中，伴侣间的情感联系和积极互动是关键。在一段婚恋关系中，适度的强势可以体现为个体的自信和独立性，有助于建立健康的界限和自我价值感。然而，当这种强势过度时，可能会导致关系中的权力失衡，从而引发冲突和不满。

强势，在恋爱和婚姻关系中，常常表现为一方试图主导决策、控制局面，坚持自己的观点和意愿，甚至不惜以强硬态度来达到目的。这种强势可能源自个人性格特点，如自信、果断、自我中心；也可能受到外部因素影响，比如社会地位或经济实力。然而，过度的强势往往会引发一系列问题。

在恋爱的初期，一方适度展现出的强势可能被视为有主见、有魅力。但随着关系的发展，如果这种强势没有得到合理调整，就可能导致另一方感到压抑、失去自我，并产生逃避念头。例如，在决定约会地点或规划未来生活时，如果一方总是独断专行，不顾及对方想法，那么另一方很可能觉得自己的意见得不到重视，从而对这段关系产生怀疑和不满。

另外，妥协并不是软弱，而是一种智慧与爱的体现。妥协意味着双方面对分歧时愿意放下部分立场，以寻求共同的解决方案，从而维护关系的稳定。例如，当一方希望周末进行户外活动，而另一方更倾向于在家中休息时，通过妥协，双方可以选择一个折中的方案，如上午户外活动，下午在家休息，这样的妥协不仅满足了双方的需求，还增进了彼此的默契和满意度。

然而，过度妥协也会带来很多的问题。如果某一方总是无条件让步，放弃自身原则和需求，则可能逐渐失去自我价值，并变得卑微。长此以往，这种过度妥协还可能导致不满情绪爆发，对关系造成严重破坏。

> 以一对夫妻杰克和艾米为例，他们的婚姻初期充满了激情和相互支持。然而，随着时间的推移，杰克的性格中的强势一面逐渐显露。
>
> 杰克是一名成功的企业家，习惯于在商业决策中保

持绝对的控制，这种习惯也延续到了他的婚姻中。他在家庭中引导各种活动的安排，从假期计划到孩子的课外活动，几乎所有的决定都由他拍板。

起初，艾米对杰克的主导地位感到舒适，她认为杰克的决定通常都很合理和有效。然而，渐渐地，她开始感到自己的声音被压抑，尤其是在涉及她关注的家庭事务时。虽然艾米是一位全职母亲，但在育儿和家庭管理方面，她的意见常常被忽视。她开始感到自己在婚姻中的角色被边缘化，这让她产生了深深的挫败感。随着时间的推移，艾米的内心压抑感不断增加，最终导致了夫妻间的频繁争吵。在一次激烈的争吵后，艾米意识到她再也无法忍受这种不平等的关系，她决定与杰克进行一次深入的对话。在这次对话中，艾米坦诚地表达了她的感受以及对婚姻的期望。她告诉杰克，虽然她尊重并欣赏他的决策能力，但她希望在一些关键问题上，自己的意见能够被重视。

面对艾米的坦诚，杰克意识到他在婚姻中确实过于强势，忽视了艾米的需求和感受。为了挽救这段婚姻，杰克决定改变自己的行为方式。他开始更加主动地倾听艾米的意见，并在决策中给予她更多的话语权。例如，在家庭假期的安排上,他会先询问艾米的想法,然后共同制订计划。

在这个过程中,杰克和艾米都明白,婚姻是一种合作关系,需要双方共同努力建立平等和谐的相处模式。他们采取了一些具体的方法来改善他们的婚姻。

开放沟通:他们开始实行每周一次的"夫妻对话",在轻松的环境中,分享彼此的感受和想法。这种对话不仅帮助他们解决了许多潜在的冲突,还加强了他们之间的情感联系。

尊重彼此的界限:杰克和艾米开始尊重彼此的界限。杰克学会在工作和家庭之间找到平衡,不再将工作中的强势带入家庭生活。艾米也开始追求自己的兴趣,并在家庭事务中寻找成就感。

共同决策:在重要的家庭决策中,他们实行民主化决策。无论是孩子的教育还是财务规划,他们都确保在事前进行充分的讨论,尊重彼此的意见。

寻求外部帮助:意识到有些问题难以自行解决,杰克和艾米选择定期咨询专业的婚姻辅导。他们通过辅导学会了一些实用的沟通技巧,并获得了第三方的客观建议。

> 调整期望：杰克和艾米都认识到，完美的婚姻并不存在，他们需要接受彼此的不足，并用积极的态度去面对婚姻中的挑战。通过这些方法，杰克和艾米终于找到了婚姻中强势与妥协的平衡点。他们的关系变得更加稳固，相互之间也多了尊重和理解。

在婚姻中，实现强势与妥协之间的平衡尤为重要。当夫妻面对家庭财务规划、子女教育等重大问题时，需要共同商讨，相互理解支持。如果其中一人过于强势，例如独揽家庭财务大权，不允许另一半参与决策，将容易引发信任危机；反之若双方都坚持己见、不肯让步，则家庭矛盾将不断升级，从而影响婚姻稳定性。

恋爱中的动态变化同样显著。在热恋阶段，为了取悦对方，两人通常会做出更多妥协，但随着感情逐渐稳定，各自个性及需求开始显露，此时便需不断调整以找到可接受的平衡点。

那么，该如何实现这一平衡呢？

首先，要建立良好的沟通机制。有效沟通是了解彼此需求的重要基础，只有坦诚交流才能明确彼此的底线及期望，从而做出适当调整。

其次，应学会换位思考。当出现分歧时，不仅要从自身角度考虑，还应尝试站在对方角度思考，这样才能更好地理解他人的观点，有助于减少冲突。

<u>最后，我们需要意识到：强势与妥协并非绝对，而应灵活运用</u>。在紧急情况下，一人需果断决策展现力量；而对于一些非原则性的问题则可适当让步，以维持整体和谐。因此，根据具体情况灵活处理至关重要，而不是僵化遵循某种模式。

现实生活中，有些夫妻事业上相互扶持，一人在某阶段为了另一个人的发展作出了牺牲，另一阶段则轮到另一人回报这样的付出；还有一些夫妇根据各自在家庭事务上的优势进行合作，使得他们既避免了单方面施加压力，又达成了有效共识，实现双赢局面。

婚姻中的强势并不是不可克服的障碍，只要双方愿意沟通和调整，就能共同创造幸福的婚姻生活。通过开放沟通、尊重彼此的界限、共同决策、寻求外部帮助以及调整期望，夫妻双方可以在强势与妥协之间找到平衡，建立起充满爱与支持的关系。

如何处理职场冲突

在处理职场冲突时，强势的性格往往能在关键时刻发挥关键作用，帮助个体在复杂多变的职场环境中保持清醒的头脑和坚定的立场。

以乔布斯为例，这位苹果公司的传奇创始人，正是以其独特的强势性格，在科技界树立了不朽的丰碑。乔布斯的强势不仅体现在他对产品设计的极致追求上，更在于他处理职场冲突时的果敢与决断。面对团队内部的分歧和外界的质疑，乔布斯总能坚持自己的意愿，并通过有效的沟通方式，将团队的注意力集中到共同的目标上。

在《史蒂夫·乔布斯传》里就有这样的描述：乔布斯在得知IBM要涉足个人电脑领域之时，马上对这位强大的对手展示出了自己鲜明而强势的一面，他直接对着媒体挑衅IBM："什么？IBM也想在个人电脑领域内蹚蹚水，他们知道什么是个人电脑吗？"随后，他又在多家报纸上刊登广告，上面写着："欢迎IBM。"这股强势挑衅的气息弥漫在了当时的美国科技界的每一个角落。

如果说对商业对手保持强势的竞争态度是乔布斯纵横商海的战略武器之一的话，那么他在日常工作中所保持的强势态度，则是引领苹果公司不断创新不断攀上新高峰的核心因素之一。

乔布斯刚刚主管Macintosh团队的时候，便给团队提出了一项新要求：所研发电脑的开机启动时间必须比

> 现在开机时间缩短10秒。团队的程序员们听到这个消息后简直难以置信,因为他们的开机启动时间几乎是当时世界上最快的。然而,乔布斯却非常强势,谁来劝他取消这个"无理的要求",他都不同意。一次,他还当着所有人的面讽刺道:"你们的开机时间太长了,如果有500万用户使用你们研发的电脑,每个人多花10秒,那加起来每年就要浪费大约3亿分钟。"结果,在他的强势推动下,Macintosh电脑的开机速度硬生生地被缩短了28秒!

可以说,乔布斯在激烈的商界拼杀中所保持的强势为他的公司带来了强大的竞争力,而他在团队管理中所保持的强势则为他的公司带来了强大的创新力与执行力。

强调强势行为的重要性,并非意味着我们要变得霸道无理,而是要在职场中展现出一种坚定且自信的姿态。正如乔布斯在领导Macintosh团队时展现的那样,他的强势并非出于个人喜好,而是为了推动团队不断突破自我,达到前所未有的高度。

那么,在职场中,我们该如何培养自己的强势姿态,以有效应对各种挑战和冲突呢?

第一,展现专业和用事实说话是关键。正如乔布斯对技术的深刻理解,让他在团队中拥有无可置疑的权威。同样,我们需要不断学习，提升自己的专业素养，以便在关键时刻能够给出有力的见解和决策。工作中的强势作风，不是表现自己鲁莽的一面，而是要懂得以自己的专业性去折服别人，善于用事实表现强硬，而不是通过情绪和待人接物的态度去表现。比如，当你和一位同事因为某个意见而出现分歧甚至争吵的时候，你能拿出准备充分的资料和数据，证明自己的观点有据可依的时候，他还会和你继续争执不下吗？

第二，要强势，更要保持以解决问题为导向的作风。以解决问题为导向的工作作风是我们在工作中保持强势态度的"护身符"。强势不是为了争胜，而是为了寻求最佳解决方案。通过合作，找到双方都能接受的结果，实现共赢。这种作风要求我们深入分析问题本质，明确目标，制定切实可行的解决方案，并付诸实践，最终确保问题得到有效的解决。它体现的一种务实、高效、负责任的工作态度，是推动工作进步和发展的重要保障。所以，当我们在职场上以保持解决问题为导向的作风来体现自己的强势时，不但不会与同事们发生冲突，还会与同事们保持更良性的协作关系。

第三，学会沟通和情绪管理。强势并不等同于孤立无援，要保持强势的工作作风，就必须学会主动沟通和及时干预，不要等到问题积累到无法解决时才去应对。主动沟通，及时介入，表明你是一个积极解决问题的人。强势并不意味着情绪化。相反，真正强大的人能够掌控自己的情绪，在任何情况下都保持冷静。即使面对批评或质疑，也要理性分析对方的观点，并给出合理的回应。

总之，处理职场冲突是一项重要的技能，对于个人和团队的健康发展至关重要。通过遵循公正公平、及时有效，以及以解决问题为导向的原则，我们可以有效减少职场冲突。同时，提升自我意识、沟通技巧和情商也是有效处理职场冲突的关键。我们只有通过不断学习和实践，才可以逐渐掌握处理职场冲突的技巧和方法，在让自己拥有强势工作风格的同时，也为创造和谐的职场环境贡献属于自己的力量。

向上管理中的强势之道

什么是向上管理？

向上管理（Managing Up）是一种职场策略，指的是个人通过有效沟通、建立关系和策略性地影响上级，以获得支持、资源和信息，从而实现个人、团队和组织的目标。这种管理方式强调下属对上级的积极影响，而不仅仅是传统的自上而下的管理方式。

你能做的只是通过自己的方式去积极地影响领导的决策，核心秘诀是"积极影响"，而不是管理。

说到积极影响，我们可以像领导管理我们一样强势去影响吗？当然可以，但这里的强势并非简单粗暴的态度，而是一种聪明的手段。

《触龙说赵太后》是《战国策》中的一篇著名故事，讲述了赵国左师触龙以巧妙的劝谏方式，说服赵太后将她宠爱的儿子长安君送到齐国作为人质，以换取齐国的援助对抗秦国的侵略。

故事发生在公元前265年，赵惠文王去世后，赵孝成王尚处于幼年，由赵太后摄政。此时，秦国乘机对赵国发起攻击，迫使赵国向齐国求援。齐国提出条件，希望赵国派遣长安君作为人质，以换取出兵相助。然而，由于溺爱长安君，赵太后坚决拒绝这一要求，并对提出建议的大臣们表示愤怒。

在这种紧张的局势下，其余大臣都感到恐惧不已，但触龙却选择了"强势面对"。当然，他的强势并不简单粗暴，而是以极为巧妙的策略掩盖了锋芒。他首先以自己年老体衰为由，有效缓和了太后的情绪，然后通过谈论自己对子女深切的关爱，引导太后逐渐认识到真正的爱应当考虑子女的长远利益。

触龙指出，赵太后对女儿燕后的关怀正是基于这样的长远考量，希望她能在异乡安居乐业；而对于长安君的溺爱则显得短视且有害。在这个过程中，他详细阐述了历史上许多国家因未能妥善处理人质问题而导致的不幸结局，以及这些事件如何影响国家未来的发展与稳定。这些例证不仅让太后意识到了当前形势的重要性，也促使她反思自己的决定所带来的潜在风险。

最终，在经过一番深入探讨之后，触龙成功说服了赵太后，使其意识到，为了国家与长安君未来的发展，应当让他前往齐国做人质。为了确保这一决定能够顺利实施，他们还讨论了一系列具体措施，包括如何安排安全护送、保障人质待遇以及与齐国沟通等细节。这些准备工作旨在最大限度地减少潜在风险，同时也希望能够赢得齐国方面的更多信任，从而实现双方互利共赢。

随着时间的推移，这一决策被证明是明智之举，不仅帮助赵国维护了国家安全，还为日后的外交关系奠定了一定基础。同时，这个过程也成为后来朝廷内外讨论的重要话题，各种观点交汇碰撞，让众多大臣从中获得启示，对后面的政策制定产生了积极影响。

这个故事展示了触龙的深谋远虑，也反映了触龙不惧危险敢于强势向上管理的智慧。触龙的话语艺术和劝谏技巧至今仍为人们所称道。他没有直接指责太后，而是通过引发太后的共鸣和自我反思，巧妙地达到了自己的目的——别人都噤若寒蝉的时候，他敢迎难而上何尝不是一种强势的向上管理？最后，这个故事也告诉我们，在沟通和说服我们的领导之时，不要直接怼领导以"强势管理"，而是要了解对方的心理，采取适当的策略，往往才能够让你在向上管理的过程中取得更好的效果和一直处于主动地位。

不过，在向上管理的时候并不总是能采取"迂回包抄"的巧妙策略，有些时候我们不得不让自己成为一名"职场勇士"，坚决强势地向上管理，毕竟不是任何事情都有辗转腾挪的空间。在这个时候，我们就要在保证自己意见正确的前提下，据理力争，强势守护自己的立场，用自己的态度来赢得向上管理上的胜利。比如，魏徵与唐太宗。魏徵是唐朝著名的谏臣，他以直言敢谏著称——简直可以称之为中国古代史上最会强势向上管理的人物了。

> 有一次，魏徵在朝堂上与唐太宗争辩得面红耳赤，唐太宗非常生气，但最终还是接受了魏徵的意见。因此唐太宗说："以铜为镜，可以正衣冠；以古为镜，可以知兴替；以人为镜，可以明得失。"魏徵去世后，唐太宗感慨自己失去了一面镜子。

可是，能够像唐太宗一样接受"强势向上管理"的领导者又有多少呢？说到这里，那就不得不再讲一个唐朝的"悲情强势管理者"的故事。

> 褚遂良是唐朝一位卓越的政治家与书法家，他在唐太宗李世民统治时期担任过多个重要职务，包括起居郎、谏议大夫和黄门侍郎等。他以渊博的学识和耿直的性格而闻名，勇于直言进谏，总是展现出强势向上的管理风范，对唐太宗的决策产生了深远影响。在唐太宗晚年，他被任命为托孤重臣之一，负责辅佐年幼的太子李治，即后来的唐高宗。
>
> 唐高宗即位后，褚遂良因反对立武则天为皇后，与高宗发生了严重冲突。在一次宫廷会议上，他坚决反对废除王皇后的地位，主张应选择其他贵族女子作为新皇后，而非曾侍奉过太宗的武则天。为了表达他坚持原则的坚定决心，他甚至将笏板放在殿阶上叩头流血，以示愿意辞去官职回乡务农。这一举动被后人称作"还笏"，成为坚持原则、不惜弃官的重要典范。
>
> 然而，尽管褚遂良始终坚定不移，却未能改变高宗的决定，最终武则天还是被立为皇后。由于此事，褚遂良被贬为潭州都督，随后又被贬至更遥远的爱州（今越南清化），在那里度过余生。尽管如此，他那份忠诚与正直依然受到后人的尊敬与赞扬。

褚遂良的故事告诉我们，在权力面前，坚持真理和原则是非常重要的。他的坚持和勇气，成为后世官员和士人的楷模。可是，他的悲情人生也告诉我们，在职场上面对那些一意孤行不听取合理建议的管理者时，我们除了要坚持自己的立场之外，还要懂得保护自己和让正确的意见传递到能起正确决策作用的地方——当你的上级面对失误依然执意妄为时，你可以向更高层反映情况，及时纠错；当企业或组织的最高管理者面对错误依然固执己见时，那你最重要的做法就是保护好自己，不要让自己和一列失控的列车一起坠入深渊。

总之，向上管理确实可以采取强势的方式，但这并不意味着要采取对抗性或不尊重的态度。强势的向上管理通常是指在保持专业和尊重的前提下，坚定地表达自己的观点、需求和建议。以下几点是一些强势向上管理的策略：

第一，明确目标和立场：在与上级沟通时，明确自己的目标和立场，确保你的建议和请求都是基于对项目或团队目标的清晰理解。

第二，充分准备：在提出建议或反馈之前，确保你已经进行了充分的准备，包括数据支持、案例研究或其他相关信息，以增强你的观点的说服力。

第三，自信表达：在表达自己的观点时，要自信且清晰。即使你在提出可能与上级意见相左的建议时，也要表现出对自己观点的信心。

第四，主动提出解决方案：不要只是指出问题，而是要主动提出解决方案。这显示了你的主动性和解决问题的能力。

第五，坚持自己的专业判断：在面对上级的压力时，如果你的专业判断告诉你某个方向是错误的，要有勇气坚持自己的立场。

第六，适时反馈：在适当的时候，给予上级建设性的反馈。这不仅是帮助他们改进的机会，也是展示你对团队和组织成功的承诺。

第七，管理上级的期望：如果上级的期望不切实际，要勇于提出，并提供合理的解释和建议，帮助他们设定更合理的目标。

第八，保持尊重：即使在采取强势立场时，也要始终保持对上级的尊重和专业态度。这有助于维护良好的工作关系。

第九，适时妥协：在必要时，也要展现出妥协的意愿。这表明你愿意为了团队和组织的利益考虑，而不是一味地坚持己见。

第十，建立"个人品牌"：通过一贯的强势而有效的向上管理，你可以建立自己的"个人品牌"，像前文讲到的魏徵一样，让"诤臣"成为自己的标签，最后成为一个值得信赖和尊敬的团队成员。

强势的向上管理需要在自信和谦卑之间找到平衡，确保你的行为和沟通方式能够促进你与上级之间的有效协作，而不是造成不必要的冲突。

强势管理中的恩威并施之道

在如今竞争激烈的商业环境和复杂多变的组织结构中，实施有效的管理策略对实现团队目标和提升绩效非常重要。强势管理作为一种常见的领导风格，如果能灵活运用恩威并施的方法，通常能够激发员工潜力，提高团队凝聚力和执行能力。

强势管理并非单纯地表现为很强硬或独裁，而是在决策、执行和监督过程中，管理者展现出坚定不移的决心、明确清晰的目标以及果断迅速的行动。这种风格强调了领导者需要有权威，以确保组织高效运行。

一般来说，强势管理者有几个明显特点：首先，他们对目标有着清晰而坚定的认知，并能在复杂环境中快速做出决定；其次，他们勇于承担责任，在面对挑战时毫不退缩，展现出极强的抗压能力；最后，他们对工作标准要求严格，非常注重细节，并追求卓越成果。

不过，如果使用强势管理方式不当，就可能导致员工产生抵触情绪、限制其创造力，以及破坏团队合作。因此，为了让这种管理方式发挥积极作用，引入恩威并施策略显得特别重要。

在三国时期的蜀汉，诸葛亮为了实现北伐中原、复兴汉室的宏伟目标，决定首先稳固南方局势。此时，南方蛮族首领孟获屡次起兵反抗，成为蜀汉后方的一大隐患。

诸葛亮深知，如果单靠武力强行镇压，即使能赢得短期胜利，也难以确保长久安宁。唯有让孟获心甘情愿地归顺，才能真正实现南方的稳定。

因此，诸葛亮亲自率领大军向南讨伐孟获。在第一次交手时，他故意布置疑兵，引诱孟获上当，从而轻松将其抓住。然而，他并没有对他施加惩罚，而是款待他，以美酒佳肴相迎，并询问他是否心服。孟获不服气，自认为只是失误才被捕。因此，诸葛亮微微一笑，将他放回去，让他重新整顿军队再来挑战。

在第二次交锋中，由于对地形熟悉，孟获精心设置防线。但诸葛亮巧妙运用计谋，看穿了他的布局，再次将其生擒。这一次孟获还嘴硬，坚持说下次一定能取胜，又被宽容地放回去了。

第三轮较量里，他向盟友木鹿大王借来了驱赶猛兽的法术。然而，诸葛亮早已做好准备，用火攻破坏了法术，又再次抓住了他。这一次虽然孟获有所动摇，但仍旧不肯认输。

157

在第四场战斗中，孟获得到了祝融夫人的帮助。虽然祝融夫人是一位女豪杰，但在诸葛亮的巧妙安排下，她也未能成功，使得孟获又一次落入囚笼。此时，他开始对诸葛亮的智慧产生敬佩，但面子上依然不肯低头。

第五轮较量里，为保全颜面，他选择据险守城。然而，诸葛亮派出奇兵突袭突破防线，使得孟获再次沦为阶下囚。他内心已有所动摇，可倔强性格依旧让他拒绝妥协。

第六场战斗里，孟获取得乌戈国藤甲兵，这种士兵身披特殊藤甲，对刀枪免疫。诸葛亮发现藤甲怕火，于是设计引敌入谷，以火攻击溃敌军，再度活捉到孟获。从那以后，他逐渐意识到诸葛亮智谋与仁德之伟大，却还是差一点完全信服于人。

最后一战来临，此时已经无人可用的孟获决定孤身潜入蜀营进行偷袭。然而诸葛亮早已预料到这一点，将其轻易捕捉。这一次，孟获终于真心归降，并感慨道："诸葛丞相果然神人，我孟获从今往后永远不会再反。"

见到孟获真诚投降之后，诸葛亮便任命他继续管理南中的事务。从那以后，该地区保持了长期和平与稳定。

"七擒孟获"的故事充分展现了诸葛亮的卓越智慧和仁爱之心。他不仅依赖军事力量大打"威"字牌，又注重以情感打动孟获，通过多次宽容相待最终赢得了孟获真心归顺。可以说，这种策略和胸怀对于任何一名管理者而言都特别珍贵。孟获从最初的顽固自负，到后来逐步转变为衷心归附，他的这个变化过程并非一蹴而就，而是在经历多番失败与挫折后，才真正认识到诸葛亮的不凡及自身的不足之处，而后才做出改变。

在现代职场上，"七擒孟获"的故事同样具有深刻启示，在人际关系或复杂问题处理上，我们都应向诸葛亮学习，掌握恩威并施的管理艺术——恩威并施是一种结合奖励与惩罚、关爱与严厉的方法，其目的是实现平衡。

那么，我们在保持强势管理的过程中，怎么"施恩"呢？

"施恩"是柔性的管理手段，其目的在于建立良好的人际关系，增强员工的忠诚度和归属感。以下是一些有效的方法：

第一，关注员工的生活需求。

理解每位员工的家庭状况及兴趣爱好，并尽量提供帮助。例如，当某位同事遇到家庭问题时，应给予必要假期和慰问，同时关注其职业发展，为其提供培训机会以助其成就个人价值。

第二，要及时表现出对员工的认可与赞美。

及时肯定员工业绩，经常对员工优秀表现进行公开表扬。一句简单的话如"干得不错""你的努力我都看到了"，便可大幅提高士气，让他们觉得自己的付出值得被珍视。

第三，为员工营造良好的工作环境。

创建一个舒适、安全且融洽的办公氛围，为员工准备必要资源，使他们能够专注、高效地完成任务，例如改善办公条件或提供健康餐饮等服务。

第四，建立良好的沟通反馈机制。

定期保持与下属沟通，倾听意见建议，让他们感觉自己的声音得到重视。同时，要及时反馈工作情况，以帮助大家认识自身的优缺点，不断改进表现。

第五，开展团建活动。

组织丰富多彩的小组活动，如聚餐或者户外拓展等，以增进成员间互动，加深彼此之间的理解，从而提升整体凝聚力。

讲完"施恩"，咱们再看看该如何"立威"。

立威是强化纪律性的关键组成部分，它确保了组织内的行为规范。但立威不是单纯的苛刻，而应做到公正合理且令人信服。

第一，制定清晰的管理制度与规则。

制定清晰、公正且合理的规章制度，并确保所有人员均知晓这些内容。这些规定涵盖流程规范、绩效评估以及奖惩措施等方面，为日常行为提供指导依据。

第二，懂得以身作则。

管理层需成为遵循规则的榜样。如果连上级都无法遵守，那么很难要求其他人遵守。管理者通过言行一致树立起权力形象。

第三，公平公正。

在处理违规事件及评估业绩时，要坚持一视同仁，不偏袒任何个体。只有这样才能让全体成员信服，从而维护规章制度之严肃性。

第四，果敢决策且勇于承担责任。

面临重大问题要迅速判断采取行动，同时要勇于承担由此产生的后果，这体现了作为管理者应具备的担当精神。

其实，恩威并施的关键就是要你掌握"恩"和"威"的艺术。这两种手段不是孤立存在的，需要相互结合方能形成合力。比如，在维持纪律的时候，也可以表达对下属的期待；而在给予定期回馈的时候，同样不能忽略工作的基本要求。

以下通过一个生动的例子和一些心理学的分析来解析这一管理艺术。

> 杰森是某销售团队的经理，一直以其果断和高效的决策风格著称，他总是能在关键时刻迅速做出判断。然而，在团队内部，杰森也被一些员工视为过于严厉和难以接近。为了改善这一状况，杰森决定尝试采用恩威并施的管理策略。

首先，杰森意识到，光靠严格的目标和死板的规章制度，只会让团队感到压迫。根据心理学中的"奖励效应理论"，正强化可以通过奖励行为来增加其发生的频率。因此，杰森开始重视对员工的激励和关怀。他定期组织团队建设活动，通过这些活动增进与员工的感情。同时，他在财务上也给予业绩优秀的员工一定的奖励，这些措施大大提高了团队的士气和凝聚力。

在一次季度会议上，杰森注意到一位名叫萨拉的销售人员表现出色。除了在公开场合表扬萨拉，杰森还特意在会议后找到她，亲自感谢她的努力和贡献，并询问她工作中需要的支持。根据"情感劳动理论"，这样的个性化关注不仅满足了员工的情感需求，还提升了他们的工作满意度。萨拉倍感欣慰，她不仅更加努力地工作，还在团队中成为积极正面的影响者。然而，杰森也明白，仅靠"恩"是不够的。在执行公司政策和确保团队纪律上，他保持了清晰的界限。

团队中的一位成员频繁迟到，影响了整体的工作节奏。杰森以坚定但不失尊重的方式与这位员工进行了一对一的会议，重申准时性的重要性，并给予了明确的警告。这种适度的"威"，帮助该员工纠正了行为，同时

> 也在团队中树立了一个遵守纪律的榜样。
>
> 根据"行为修正理论",适度的惩罚可以有效地减少不良行为。通过这种恩威并施的管理方式,杰森成功地在团队中建立了威信和信任。他的团队不仅在绩效上大幅提升,员工的满意度也显著提高。杰森的经验告诉我们,在强势管理中,过于偏向"威"可能会导致员工的反感和抵触,而过于偏向"恩"则可能让管理变得松懈和无序。

从心理学角度来看,恩威并施的方法符合"社会交换理论",即人们在社会关系中寻求一种平衡的给予和获得关系。杰森通过给予认可与设定清晰的规则,实现了这种平衡。员工在感受到关怀和尊重的同时,也明确了行为的界限和标准,这种平衡增强了团队的凝聚力和个体的责任感。

通过以上分析,我们可以看到,"恩"和"威"的巧妙结合,是现代企业管理成功运营的不可或缺的重要因素之一。